Regetarianos

Regetarianos

La filosofía para restaurar tu salud y la del medio ambiente

JOTA MANIFESTO

alienta
EDITORIAL

Alienta es un sello editorial de Centro de Libros PAPF, SLU.
Av. Diagonal, 662-664
08034 Barcelona
www.planetadelibros.com

Primera edición: mayo de 2026
Depósito legal: B. 25.061-2026
ISBN: 978-84-1344-517-5
Composición: Realización Planeta
Impresión y encuadernación: Unigraf, S. L.
Printed in Spain - Impreso en España

PEFC Certificado
Este libro procede de bosques gestionados de forma sostenible
PEFC
PEFC/14-38-00305
www.pefc.es

Sumario

Tercera parte

Comer para regenerar

Prólogo

Considero a Jota como uno de los padres de las nuevas generaciones dentro de la filosofía existencial *low carb*, ayuno, ritmos circadianos y en general todos esos hábitos ancestrales que nos ayudan a sentirnos saludables. Es una de las personas que más aprecio y admiro dentro de este estilo de vida y por eso me hace especial ilusión poder escribir estas palabras para el prólogo de su libro.

La sociedad de hoy en día sobrevive con la ayuda de una constante manipulación de la población, ejercida en muy diversos campos. La ganadería es una de las áreas más manipuladas. Durante muchos años la ganadería extensiva y regenerativa (un método de cría muy parecido a como han vivido los animales siempre) se ha metido en el mismo saco que otros métodos de cría de animales, como la ganadería intensiva, generalizando así el que cualquier método de cría, sea como sea, es malo para el planeta.

Según informes muy bien realizados y redactados por la FAO (Organización de las Naciones Unidas para la Alimentación y la Agricultura), el 18 por ciento de las emisiones globales de gases de efecto invernadero son emitidas por el sector ganadero, más aún de las emitidas por el transporte. El problema del famoso agujero de ozono, el cual iba a acabar con la existencia humana, era pues provocado por lo que comías y más concretamente la carne. Estos informes cuantificaban las emisiones del sector, pero no modelaban de forma completa ni dinámica lo que ocurría bajo el suelo, en la ganadería extensiva. Es decir, se medía lo que salía del animal, pero no lo que sucedía bajo sus pezuñas, en esa sinergia existente entre los animales y el suelo.

El suelo es uno de los mayores almacenes de carbono del planeta. Las plantas capturan el CO_2 del aire gracias a la luz del sol y lo transforman en vida: en hojas, en raíces, en pasto. Parte de ese carbono no se queda en la planta, sino que pasa al suelo, donde alimenta microorganismos y construye fertilidad, y esto se consigue gracias a la ganadería regenerativa, bien gestionada. Esto es algo que comprenderás al leer este libro.

Cuando el ganado pasta en libertad y el manejo es adecuado, se produce una sinergia natural: el animal estimula el rebrote del pasto, el pasto vuelve a capturar más CO_2 y el suelo lo almacena en forma de materia orgánica. El animal emite, sí, pero el sistema también absorbe. No es una ecuación simple de «emisiones», es un ciclo que, generado durante millones de años, tiende al equilibrio y a la restauración de la Naturaleza.

Suelo, planta y herbívoro forman parte de la misma dinámica. Separarlos y hacer ganaderías intensivas fue un gran error; entender su relación es empezar a comprender el equilibrio de la vida y la necesidad de que haya más animales en los campos y montañas que hoy permanecen «vacíos».

Cuando comenzaron a incorporarse estas cuestiones en los informes, especialmente a partir de la década de 2010, se vio que el balance cambiaba. En determinados contextos, el carbono secuestrado en el suelo podía compensar una parte significativa de las emisiones del sistema e incluso generar balances positivos. Así, quedó de manifiesto que durante años se había manipulado la información para conseguir ciertos objetivos que iban más hacia los intereses económicos de algunos que ha generar un entorno en sintonía con la naturaleza.

Esto es sólo un pequeño dato. Son muchas las cuestiones que se han manipulado para acabar generando un «odio» generalizado de la mayoría de la población hacia la cría de animales para el consumo humano. Y por mucho que duela, el problema no es que se coma carne, sino que durante mucho tiempo se ha invertido y apoyado un sistema intensivo que no tiene ninguna coherencia con la naturaleza, que nos está pasando factura a los humanos, a los animales y al Planeta. Pero la cuestión es que es posible un modelo mucho mejor que sea bueno para todos. Se trata de recuperar la lógica ecológica con la que los grandes herbívoros moldearon los ecosistemas durante miles y miles de años.

Otra de las grandes simplificaciones de nuestro tiempo es afirmar que «la carne no es sostenible». Como si todos los sistemas productivos fueran iguales. Como si la carne de una hamburguesa industrial y la de una vaca criada en pastoreo regenerativo fueran lo mismo. La sostenibilidad no depende sólo del alimento, sino de cómo se produce. Existen sistemas ganaderos que degradan el suelo —y por supuesto a los animales—. Sí, pero también existen sistemas que permiten vivir digna y libremente a los animales, que regeneran el suelo, que aumentan la biodiversidad, que mejoran la fertilidad y que incluso, como empiezas a ver, pueden contribuir al secuestro de carbono.

Reducir el debate a «carne sí o carne no» es ignorar la complejidad ecológica. Y, sin embargo, rara vez se pone el foco en otros alimentos de consumo masivo cuyo impacto ambiental es considerable. El café y el chocolate, por ejemplo, están asociados en muchas regiones a deforestación tropical, pérdida de biodiversidad y grandes demandas hídricas. Son dos productos tan profundamente integrados en nuestra cultura, que apenas se cuestionan desde la narrativa oficial o dominante, mientras que a los alimentos de origen animal se los pone siempre en primera «línea de tiro».

La pregunta no debería ser si la carne es sostenible, sino qué modelo productivo queremos apoyar. Porque bien gestionada, integrada en el territorio y alineada con los ciclos naturales, la ganadería puede formar parte de la solución y no del problema. Es completamente lo contrario a lo que te quieren vender y eso es algo que también vas a entender leyendo este libro.

Además de este tema regenerativo principal, en este libro mi gran amigo Jota incorpora parte de su filosofía nutricional y estilo de vida en general. Para mí su visión es muy inteligente: un padre de familia numerosa que intenta acercar a su clan los hábitos ancestrales que nos hicieron la especie más dura del planeta. Un forma de vivir que consigue humanos elevados de la normalidad mediocre que estamos viviendo. Jota, sin pelos en la lengua, te va a contar muchos de los consejos que pueden potenciar tu vida a niveles más elevados.

No sólo las vacas deberían vivir en sinergia con la naturaleza; aunque te sorprenda, los humanos también lo hacíamos. Durante millones de años nos hemos moldeado a ella y es en las últimas décadas cuando nos estamos desconectando a pasos agigantados, estamos más perdidos que nunca como especie y vivimos en un sistema artificial que nos está destruyendo. Debemos volver al origen que nos hizo ser verdaderos seres superiores, en muchos aspectos, de la vida en la Tierra. Volvamos a ser seres regenerativos.

Disfrutad de la sabiduría de uno de los regetarianos más interesantes en la tierra: Jota.

JUAN BOLA,
nutricionista especializado en nutrición clínica

Introducción

Siempre me interesaron la nutrición, la salud, la naturaleza y el medio ambiente, así como la interacción entre ellos. Durante años seguí con atención los debates sobre ganadería, sostenibilidad, salud y alimentación. Observaba cómo la conversación pública se volvía cada vez más polarizada, cada vez más emocional. Por un lado, las impactantes imágenes del sistema industrial; por otro, las promesas de una utopía vegetal sin sangre, sin culpa, sin impacto. Y sin embargo, algo no me terminaba de cuadrar. Había una parte de la historia que parecía deliberadamente omitida: el rol regenerativo de los animales, la complejidad de los ecosistemas, el valor simbólico y fisiológico de los alimentos de origen animal.

Fue en 2022, al leer por primera vez la Declaración de Dublín, redactada por científicos, sobre el papel de la ganadería en la sociedad, cuando sentí que esa intuición dispersa encontraba finalmente una forma articulada, rigurosa y valiente. No era sólo una declaración técnica: era un posicionamiento ético, científico y cultural. Más de mil doscientos investigadores firmaban un documento que no pedía una defensa ciega de la ganadería, sino algo mucho más urgente: cautela ante los dogmas, respeto por la evidencia y aprecio por la complejidad.

La declaración no negaba la necesidad de mejorar los sistemas ganaderos. De hecho, lo decía con claridad: hay mucho por transformar, mucho por renovar. Pero advertía, con fundamentos sólidos, que eliminar a los animales de nuestros sistemas alimentarios no sólo no solucionaría los problemas actuales, sino que podría generar otros peores: erosión del suelo, pérdida de biodiversidad, hambre oculta por carencias nutricionales, colapso de economías rurales, ruptura de tradiciones culturales, etc. El mensaje era contundente: los sistemas ganaderos son demasiado valiosos para ser víctimas del simplismo o el fanatismo.

Dos años después, en 2024, este reclamo se intensificó con la publicación de la Llamada a la Acción de Denver, firmada por cuarenta y cinco científicos de primer nivel y dirigida directamente a los grandes responsables políticos mundiales. En ella se pedía algo muy concreto: políticas públicas basadas en nutrición real, reconocimiento de la complejidad ecológica y altos estándares de evidencia sin concesiones al dogma. El texto afirmaba, sin rodeos, que enfrentar «el enorme desafío de nutrir a las poblaciones mundiales, minimizando al mismo tiempo el daño ambiental, sólo se logrará mediante la aplicación transparente del método científico, evitando la arrogancia, la presunción y el dogma».[1]

Fue como si ese documento me dijera al oído lo que yo mismo venía sintiendo desde hacía tiempo, pero esta vez con la fuerza de un consenso científico. Fue un punto sin retorno. Me di cuenta de que no bastaba con observar desde la barrera. Había llegado la hora de construir una visión alternativa. De dar un paso adelante. De hablar de regeneración desde la nutrición, desde el suelo, desde el cuerpo.

1. Varios autores, «The Denver call for action», *The Dublin Declaration*, 31 de octubre de 2024, <https://www.dublin-declaration.org/the-denver-call-for-action>.

Así nació mi compromiso con el Regetarianismo. No como un nuevo «ismo», sino como una vía intermedia, audaz y reconciliadora. Una vía que une salud y ecología, nutrición y cultura, cuerpo y tierra. Y en ese camino, ni la Declaración de Dublín ni la Llamada de Denver fueron meras referencias académicas, sino actos de lucidez colectiva, señales éticas en medio del ruido, que me hicieron ver con claridad que ya no había excusas: había que actuar.

Primera parte

LA AGENDA GLOBAL CONTRA LA CARNE

Puede que aún no seas consciente del todo, pero hay un discurso cuidadosamente construido que lleva años infiltrándose en organismos internacionales, medios de comunicación, revistas científicas y decisiones políticas. Un discurso que no nace del consenso científico ni del interés común, sino de una confluencia de intereses ideológicos, corporativos y financieros con un objetivo claro: eliminar la carne de tu plato. No por tu salud, no por el planeta, sino para rediseñar la alimentación humana bajo los parámetros de un nuevo orden agroalimentario, ultraprocesado, patentable y controlado por gigantes industriales.

El giro definitivo en esta cruzada llegó en noviembre de 2018, cuando Christiana Figueres, exsecretaria ejecutiva de la Convención Marco de las Naciones Unidas sobre el Cambio Climático, declaró públicamente que comer carne debía quedar relegado al ámbito privado, en la misma línea que la legislación antitabaco: «¿Qué tal si los restaurantes en diez o quince años comienzan a tratar a los carnívoros de la misma manera que a los fumadores? [...] Si quieren comer carne, pueden hacerlo fuera del restaurante», dijo Figueres.[2]

2. Lomborg, Bjørn, «¿Se debe prohibir la carne de vacuno?», *Project*

Con esta frase, no sólo equiparó un filete a un cigarrillo, sino que abrió la veda a una guerra cultural y política contra los alimentos de origen animal, especialmente la carne roja. Detrás de ese alegato no había evidencia científica sólida, sino una clara agenda ideológica. Sin embargo, lo más inquietante es lo que sucedió después.

En 2021, Figueres se unió al consejo directivo de Impossible Foods, la famosa compañía de «carne» vegetal ultraprocesada que promueve productos como la Impossible Burger, elaborada con ingredientes sintéticos, ingeniería genética y aditivos que buscan imitar el sabor, la textura y el color de la carne real. Así, la que un día fue figura pública al frente de los acuerdos climáticos internacionales pasó sin rubor al sector corporativo del ultraprocesado vegano. Un conflicto de intereses flagrante, pero aparentemente aceptado con normalidad por el discurso dominante.

¿Te has preguntado alguna vez cómo es posible que, de la noche a la mañana, la carne —símbolo ancestral de fuerza, nutrición y vitalidad— haya pasado a ser tratada como un veneno social, sanitario y ambiental? ¿Cómo es que, de pronto, millones de personas repiten como un dogma que comer carne daña el planeta, causa enfermedades y perpetúa el sufrimiento animal, sin haber analizado críticamente de dónde vienen esas afirmaciones, ni qué intereses las respaldan?

No estás solo. Porque detrás de esta transformación no hay una evolución natural del conocimiento científico, ni un despertar espontáneo de la conciencia colectiva. Hay una estrategia. Un relato cuidadosamente construido, financiado, promovido y amplificado por una constelación de acto-

---

Syndicate, 21 de noviembre de 2018, <https://www.project-syndicate.org/commentary/meat-production-overstated-effect-on-climate-change-by-bjorn-lomborg-2018-11/spanish>.

res ideológicos, corporativos y filantrópicos que, bajo el estandarte de la sostenibilidad, están intentando rediseñar por completo tu relación con la alimentación. No desde el conocimiento, sino desde la propaganda. No desde el diálogo, sino desde la imposición.

Todo esto podría parecerte exagerado. Después de todo, ¿no se supone que los movimientos «basados en plantas» están motivados por el bien común, la compasión y la preocupación por el planeta? Sí, muchos de sus seguidores lo están. Personas bienintencionadas, que de buena fe adoptan un estilo de vida que perciben como más ético, más limpio y más respetuoso. Pero una cosa es el individuo y otra el sistema que manipula sus valores para convertirlos en mercados.

Y ese sistema —el que está en la cúspide de esta guerra blanda— no es vegetariano. Es corporativo, ideológico y profundamente político.

Los alimentos han dejado de ser sólo nutrientes o cultura, y se han convertido en territorio de disputa. Hoy se legisla qué puedes comer, se subvenciona qué debes producir, se etiqueta qué está bien y qué está mal. Y la carne ha sido marcada como el enemigo público número uno. No porque lo sea, sino por lo que representa.

La carne es densa nutricionalmente. Es ancestral. Es local. Es difícil de patentar. Y, sobre todo, es libre. Te conecta con tu fisiología más profunda, con la tradición de tus ancestros, con una forma de alimentarte que no depende de envases, de ingredientes ocultos, de laboratorios ni de multinacionales. Por eso molesta tanto. Por eso hay que destruirla. No sólo como alimento, sino como símbolo.

Te lo han repetido desde todos los ángulos, que la carne enferma, contamina e implica crueldad. Te lo han mostrado con imágenes impactantes, con gráficas manipuladas, con estudios observacionales mal interpretados, con campañas de marketing y titulares apocalípticos. Han conseguido que dudes de lo que durante milenios fue evidente. Que cuestiones lo que siempre te dio fuerza. Que temas lo que solía nutrirte.

Pero si te detienes a mirar con lupa ese discurso, si investigas quiénes lo impulsan, qué redes lo sostienen y qué intereses lo promueven, todo empieza a mostrar su verdadero rostro. Detrás de cada afirmación se esconde una agenda. Detrás de cada pirámide nutricional, un consejo de administración. Detrás de cada declaración de emergencia climática, un fondo de inversión. Detrás de cada etiqueta verde, una estrategia de mercado.

Esta primera parte no es una defensa ciega de la carne por nostalgia, ni una reacción emocional frente al veganismo. Es un análisis crítico de una operación lanzada a gran escala para rediseñar la alimentación humana en función de intereses ajenos a tu salud, tu libertad y tu cultura. Porque lo que está en juego no es sólo tu dieta, sino tu autonomía. Y no estás paranoico por pensarlo. Estás despierto.

A lo largo de estas páginas, vamos a recorrer juntos los nombres, los documentos, las alianzas y los discursos que han dado forma a esta ofensiva planetaria. Te hablaré de Christiana Figueres, la exsecretaria ejecutiva de una de las comisiones de la ONU que comparó a los carnívoros con fumadores. De Gunhild Stordalen, la multimillonaria activista vegana que fundó EAT-Lancet y posa junto con príncipes saudíes en campañas para «veganizar» Oriente Medio. De Walter Willett y Marco Springmann, los académicos de Harvard y Oxford que, con datos frágiles, proponen impuestos a la carne como si fueran impuestos al tabaco.

Hablaremos también de la red EAT-Lancet, ese entramado de filántropos, *think tanks*, *lobbies* y organizaciones aparentemente independientes que, en realidad, orbitan todas en torno a los mismos nodos de poder. Verás cómo empresas como Barilla, Unilever o Nestlé no son observadores neutrales, sino actores directos que se benefician de este giro dietético hacia los cereales, los almidones, los aceites vegetales y los productos de laboratorio.

Verás también cómo la propaganda que equipara la carne a la crisis ha sido institucionalizada en editoriales como *The Lancet*, organismos como la OMS u ONG como WWF, y cómo se ha convertido en doctrina incuestionable en escuelas, medios de comunicación y políticas públicas.

Te mostraré cómo las llamadas «soluciones» no son más que formas de colonización alimentaria, desde las hamburguesas de soja texturizada diseñadas por tecnólogos en Silicon Valley hasta los proyectos de carne cultivada financiados por Bill Gates. Soluciones que no solucionan nada, salvo los ingresos de quienes las promueven.

Pero, sobre todo, estas páginas serán una defensa de tu derecho a pensar, a dudar, a elegir. Porque si alguien puede decidir qué entra en tu cuerpo, puede decidir también cómo vives, qué piensas, qué consumes y a quién obedeces.

Y eso sí que debería darte miedo.

1

La cruzada *plant-based*

1.1. La semilla narrativa: cómo nació la cruzada

No fue un cambio espontáneo. Ni una revelación científica repentina. La demonización de la carne y la glorificación de la dieta «basada en plantas» o en productos de origen vegetal no surgieron de la evidencia nutricional, sino de una historia cuidadosamente sembrada y regada durante décadas. Tengo cuarenta y seis años y lo he visto toda mi vida. Y para entender cómo hemos llegado al punto en el que una hamburguesa de soja transgénica se percibe como «ética», mientras una chuleta de cordero criado a pasto se trata como una amenaza climática, necesitas comprender cómo se ha tejido ese relato.

Todo comenzó, como suele ocurrir, con una confluencia de intereses. Por un lado, nos encontramos con un grupo de activistas ideológicos, movidos por una convicción profunda, a menudo religiosa o moral, de que el consumo de animales es un error ético que debe ser erradicado del planeta. Por otro, con una industria agroalimentaria deseosa de convertir ingredientes baratos —almidones, aceites vegetales o harinas refinadas— en productos ultraprocesados con alto valor añadido. Y por otro lado aún, con organismos internacionales que vieron en la alimentación una herramienta más para reconfigurar los hábitos, las culturas y las economías a nivel global.

Estos tres frentes se unieron en torno a una consigna común: reducir el consumo de productos animales. La salud, el medio ambiente y el bienestar animal se convirtieron en las banderas visibles, pero, detrás de ellas, como suele suceder, se escondían otras motivaciones menos confesables como el control, el beneficio económico, la homogeneización cultural y la obediencia dietética.

Corn Flakes y castidad: la sorprendente historia sexual del cereal industrial

¿Sabías que los Corn Flakes de Kellogg's fueron inventados no para mejorar la salud..., sino para reducir la libido?

Suena a chiste, pero es una historia real y documentada. «Cien por cien hechos», como se suele decir. A finales del siglo XIX, en el sanatorio de Battle Creek, Míchigan, el doctor John Harvey Kellogg, ferviente adventista del séptimo día, dirigía un centro de salud que mezclaba prácticas médicas con fuertes creencias religiosas. Allí, entre baños fríos, enemas y dietas insípidas, nació uno de los productos alimentarios más emblemáticos de la modernidad: los Corn Flakes.

Pero Kellogg no los creó pensando en el desayuno familiar. Los desarrolló como herramienta terapéutica para suprimir el deseo sexual, especialmente masculino. Según su doctrina, la masturbación era una práctica enfermiza, moralmente corrupta y fisiológicamente degenerativa. Y creía que una dieta blanda, carente de grasas y nutrientes animales, podía «pacificar» los impulsos carnales.

Sí, los Corn Flakes fueron concebidos como un alimento antilibido. Kellogg pensaba que cuanto más insípida y desnutrida fuera la dieta, más fácil sería mantener a raya las pulsiones sexuales. Su obsesión con la pureza corporal y espiritual le llevó a promover una alimentación basada casi exclusivamente en cereales, leche desnatada y productos altamente refinados. En su visión, la carne —nutriente, potente, vital— era el enemigo.

Y es que la carne despierta. La carne enciende instintos. La carne alimenta la vida sexual, la fertilidad, la vitalidad física y mental. Está cargada de zinc, vitamina B12, colesterol estructural, creatina, hierro hemo..., todos ellos nutrientes directamente implicados en la producción hormonal, en la dopamina y en la energía. Por eso, en hombres y mujeres, una dieta rica en alimentos animales reales está asociada a una mejora del deseo sexual, la libido, la función eréctil y el estado de ánimo.

Así que Kellogg pensó: si le damos a la gente una mezcla de copos de maíz cocidos, aplastados, azucarados y sin grasa, los convertiremos en ciudadanos templados. Sin pulsiones. Sin deseo. Sumisos.

Y así, sin saberlo, millones de personas crecieron comiendo un producto diseñado originalmente para reprimir el apetito sexual y facilitar el control del cuerpo.

¿Suena descabellado? Intenta compartirlo en redes sociales. Probablemente te borren la publicación por «desinformación». Ya ha ocurrido, aunque sea una historia real, aunque esté documentado. No quieren que lo sepas.[3]

Porque si conocieras los orígenes de muchos de los «alimentos modernos», empezarías a ver un patrón: la alimentación industrializada no nació para potenciarte, sino para contenerte. Para modular tus instintos, tus hormonas, tu rebeldía.

3. Consejo de Ministros, «El Gobierno actualiza la ley del derecho de rectificación para garantizar la información veraz», *La Moncloa*, 2026, <https://www.lamoncloa.gob.es/consejodeministros/resumenes/paginas/2026/130126-rueda-de-prensa-ministros.aspx>.

Así que la próxima vez que veas una caja de cereales con colores brillantes y promesas de «energía y salud», recuerda que fueron creados para que no te tocaras.

Literalmente.

Es una operación brillante. Rediseñar lo que comes no por decreto, sino por sugestión. Ni las jugadas psicológicas del encierro de la COVID-19 superan esta apuesta. Cambiar tus hábitos sin que lo notes. Y si fallan las sugerencias, no temen recurrir a la coerción: impuestos, regulaciones, restricciones. Todo, por supuesto, «por tu bien».

Pero no te confundas, esto no es el resultado natural de la ciencia ni de la evolución cultural. Ni tampoco de la evolución humana. Es el producto de un diseño estratégico. Y tú eres el objetivo.

1.2. Figuras clave y conflictos de interés descarados

A estas alturas ya sabes que no estás ante una tendencia espontánea, ni ante una moda sin dirección. Lo que tienes delante es un proyecto orquestado, sostenido por una constelación de figuras que, aunque se presenten como expertos neutrales o líderes filantrópicos, tienen vínculos claros, intereses y un papel activo en el diseño de una dieta globalizada, *plant-based* y, sobre todo, industrial.

Cada uno de estos nombres cumple una función específica, unos aportan legitimidad académica, otros, peso institucional, otros, carisma mediático... Pero todos, sin excepción, forman parte de la misma red narrativa. Y lo más alarmante no es que existan, sino que nadie cuestione su posición ni los interrogue por sus conflictos de intereses.

Aquí no hay *fact checkers*. No hay *influencers* que «reaccionen a...».

Comencemos por la ya mencionada Christiana Figueres y su frase: «¿Qué tal si los restaurantes en diez o quince años comienzan a tratar a los carnívoros de la misma manera que a los fumadores? Si quieren comer carne, pueden hacerlo fuera del restaurante». No fue un comentario casual, sino un acto simbólico con peso ideológico. Equiparar el consumo de carne al tabaquismo no es sólo un ataque al alimento, es una declaración cultural. Implica que comer carne te hace sucio, peligroso, anticuado. Que es una práctica indeseable que debe esconderse.

Poco después, Figueres se unió al consejo directivo de Impossible Foods, una de las empresas más agresivas del sector de la «carne de mentira». Productores de la famosa Impossible Burger, este conglomerado ha invertido millones en marketing, desarrollo tecnológico e ingeniería sensorial para crear algo que se parezca a la carne, huela como carne y sepa como carne... sin serlo. ¿A qué coste? A base de ingredientes ultraprocesados, aislados proteicos, aditivos sintéticos y colorantes desarrollados en laboratorio. Y no está sola. La figura académica que más peso ha tenido en esta cruzada es Walter Willett, un nutricionista de Harvard que lleva décadas moldeando las recomendaciones alimentarias globales. Fue uno de los grandes promotores del miedo a las grasas saturadas, basándose en estudios observacionales débiles y altamente cuestionados. Ahora repite la fórmula con la carne, correlaciones vagas, interpretaciones sesgadas y conclusiones exageradas.

Willett ha afirmado, sin pestañear, que una de cada tres muertes prematuras podría evitarse si toda la población mundial dejara de comer carne. Una afirmación tan radical como infundada. Porque no existe ningún ensayo clínico, ni metaanálisis serio, ni evaluación de riesgos global que respalde semejante conclusión.[4] Pero basta con que lo diga Harvard para que la prensa lo convierta en verdad revelada.[5]

A su lado está Marco Springmann, un investigador de la Universidad de Oxford. Su propuesta estrella: crear un impuesto global sobre la carne. Según sus modelos, esa medida salvaría cada año 220.000 vidas y ahorraría miles de millones en costes sanitarios. El problema es que esos modelos se basan en las mismas correlaciones débiles que los estudios de Willett, sin considerar ni los beneficios nutricionales de los productos animales ni las diferencias según el contexto ecológico y cultural. Es decir, cálculos teóricos convertidos en argumento político.[6]

Springmann no es un observador neutral. Es activista. Y su solución no es mejorar la calidad de la producción animal ni empoderar al consumidor con información, sino castigar económicamente a quien consuma carne. Una lógica paternalista, coercitiva y elitista. Porque, como siempre, ese impuesto no afectará a los ricos, sino a las clases populares. Es una guerra contra el filete, pero sólo en tu plato.

Otro actor fundamental es el príncipe Khaled bin Alwaleed, heredero saudí que promueve una visión militante del veganismo. Según sus propias palabras, los productos lácteos son «la raíz de todo mal ambiental», y su objetivo confeso es «veganizar Oriente Medio». Su fondo

4. Ramsden, C. E., *et al.*, «PURE study challenges the definition of a healthy diet: but key questions remain», *The Lancet*, 390, 10107 (2017), pp. 2018-2019.

5. «Harvard says vegetarian diet could prevent one in three early deaths», *The Week*, 27 de abril de 2018, <https://theweek.com/93232/harvard-says-vegetarian-diet-could-prevent-one-in-three-early-deaths>.

6. Springmann, Marco, *et al.*, «Health-motivated taxes on red and processed meat: a modelling study on optimal tax levels and health and climate-change co-benefits», *PLoS One*, 13, 11 (2017).

de inversión tiene participación en Beyond Meat, otra de las grandes marcas de carne vegetal sintética. También es asesor del Good Food Institute, una organización que promueve la sustitución completa de los productos animales por alternativas *plant-based* o cultivadas en laboratorio.

A su lado, como si se tratara de un guion cinematográfico, aparece Gunhild Stordalen. Activista vegana, exmodelo, médica, esposa del magnate hotelero Petter Stordalen y fundadora de la organización EAT. Una ONG con vocación global que ha conseguido infiltrarse en todos los espacios de discusión sobre política alimentaria, desde la FAO hasta el Foro Económico Mundial. Sin embargo, Stordalen no es sólo una activista, es una estratega. Khaled, como Gunhild Stordalen, representa la paradoja moderna, la filantropía de lujo. Aparecen en conferencias de alto nivel, rodeados de líderes políticos, celebridades e influencers hablando de sostenibilidad mientras aterrizan en *jets* privados y comen menús diseñados por chefs de élite. No hay humildad. Hay espectáculo. Y hablando de Gunhild, su papel no puede ser subestimado, ha convertido su causa en un proyecto internacional con acceso a todos los centros de poder. Ha sido oradora en las cumbres de la ONU y el Foro Económico Mundial, y organizadora de los encuentros EAT-Stockholm Food Forum, donde las decisiones no se debaten, se bajan en cascada como si fueran revelaciones.

Stordalen también tiene una relación estrecha con la fundación Barilla Center for Food and Nutrition (BCFN). En sus foros internacionales ha compartido escenario con Willett y Springmann, y ha contribuido a reforzar el relato de que comer carne es insostenible y éticamente cuestionable. Lo irónico es que Barilla, famosa por su pasta industrial, galletas y harinas refinadas, se presenta como un *think tank* «independiente», aunque en su junta directiva estén los propios hermanos Barilla, dueños del 85 por cierto del grupo empresarial.

¿Y qué propone esta fundación supuestamente neutral? Una dieta basada en cereales, legumbres, pasta y vegetales. En otras palabras, la dieta ideal para aumentar sus ventas. La guinda del pastel es su «Doble Pirámide», una herramienta gráfica que mezcla nutrición y ecología para desincentivar el consumo de carne y promover..., sí, exacto, carbohidratos procesados. En un documento firmado por investigadores de Barilla, se afirma que la dieta completamente basada en plantas muestra los mejores resultados en términos de impacto ambiental, superando tanto a la vegetariana como a la omnívora.[7]

¿Evaluación independiente? No. ¿Conflicto de interés? Por supuesto. ¿Reconocido? Nunca. Espérate sentado como lo estoy haciendo yo. Podríamos seguir. Porque la lista no termina. A cada paso que das en esta red de discursos, estudios, fundaciones y declaraciones, encuentras los mismos nombres, las mismas alianzas, los mismos intereses. Lo preocupante no es que estos actores existan. Lo alarmante es que nadie los cuestione, que sus afirmaciones se den por válidas sólo por su título o su cargo, sin un análisis crítico del marco ideológico desde el cual operan. Y mientras tanto, tú —como ciudadano, consumidor y ser humano— eres reducido a una variable más en sus modelos. A un objeto a modificar, a redirigir. No te ven como alguien capaz de decidir. Te ven como alguien que debe ser reeducado.

Pero tienes derecho a dudar. Tienes derecho a mirar quién sostiene el micrófono antes de escuchar el discurso. Tienes derecho a preguntarte por qué quienes más atacan a la carne son los que más ganan con su eliminación.

7. «Double pyramid», Fondazione Barilla, <https://fondazionebarilla.com/en/double-pyramid/>.

La Comisión EAT-Lancet, una constelación ideológica

Si alguien menciona la Comisión EAT-Lancet como si fuera un grupo neutral de expertos científicos preocupados por la alimentación global, deberías encender todas las alarmas. ¿Por qué? Porque lo que se presenta como consenso académico, es en realidad una alianza ideológica con intereses económicos y políticos muy bien definidos. Una constelación cuidadosamente orquestada con un objetivo explícito: redefinir lo que el mundo considera una alimentación saludable y sostenible, eliminando de ese mapa los alimentos animales.

La Comisión EAT-Lancet o EAT-Lancet Commission no es una institución pública, ni una red espontánea de investigadores, sino una creación estratégica de la organización EAT —fundada por Gunhild Stordalen— en colaboración con *The Lancet*, una revista médica británica cuya reputación científica ha venido deteriorándose progresivamente desde que decidió asumir un rol activista en materia de alimentación, clima y salud pública.

La fundación EAT fue creada en 2013, pero sus raíces llegan más lejos. Gunhild Stordalen, activista por los derechos de los animales, creció ideológicamente en la Alianza Noruega por el Bienestar Animal. Su visión del mundo está profundamente marcada por la idea de que el consumo de productos animales debe ser erradicado —no moderado, no regulado, sino abolido— y de que la tecnología, la ciencia y la gobernanza global deben ser las herramientas para lograrlo.

Su pareja, Petter Stordalen, magnate hotelero y uno de los hombres más ricos de Noruega, aporta la infraestructura, el acceso y la visibilidad. La red EAT ha contado desde el principio con acceso a presidentes, ministros, alcaldes de ciudades clave —como los de la red C40— filántropos, CEO de grandes empresas y figuras mediáticas de alcance global. En otras palabras, todo lo necesario para moldear políticas públicas, influir en medios y rediseñar la cultura alimentaria desde arriba.

Gráfico 1.1. Objetivos de dietas saludables de la Comisión EAT-Lancet

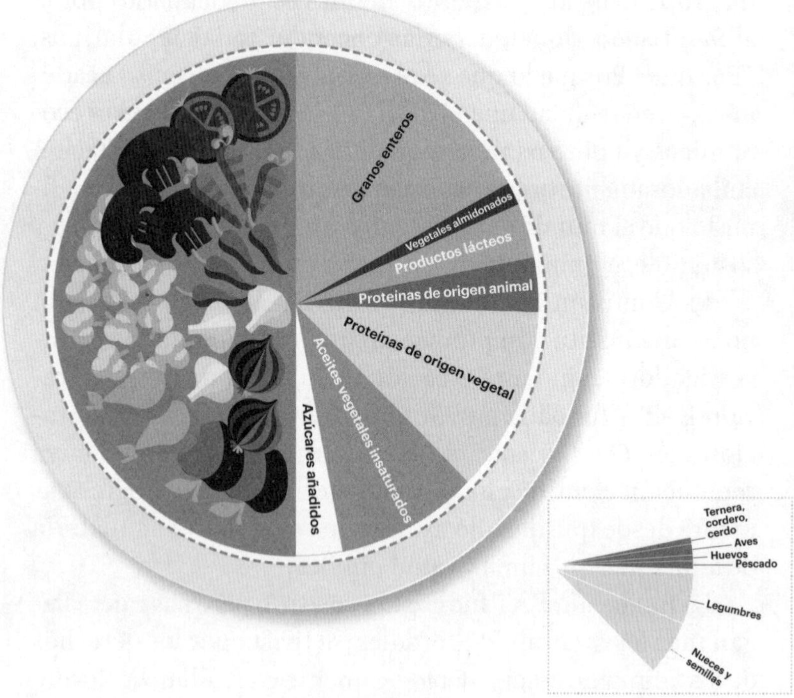

Fuente: Comisión EAT-Lancet.

Pero el golpe maestro llegó en 2019, cuando EAT logró una colaboración editorial con *The Lancet* para publicar el ya célebre informe de la Comisión EAT-Lancet. El documento, de más de 40 páginas, proponía una dieta global estandarizada, denominada «Dieta de Salud Planetaria».[8] La retórica era impecable: salvar vidas humanas, combatir el

8. Comisión EAT-Lancet, «Alimentos, Planeta, Salud: Dietas saludables a partir de sistemas alimentarios sostenibles», EAT, 2025,

cambio climático y proteger a los animales. El contenido, en cualquier caso, era una receta tecnocrática para eliminar la carne de las culturas alimentarias del mundo.

Tabla 1.1. Objetivos científicos para una dieta de salud planetaria, con posibles rangos, para una ingesta de 2.500 kcal/día

GRUPO DE ALIMENTOS	INGESTA DE MACRONUTRIENTES (G/DÍA) (RANGO POSIBLE)	INGESTA DE CALORÍAS (KCAL/DÍA)
Granos enteros		
Arroz, trigo, maíz y otros	232	811
Tubérculos o vegetales almidonados		
Patatas y yuca	50 (0-100)	39
Verduras		
Todo tipo de verduras	300 (200-600)	78
Frutas		
Todo tipo de frutas	200 (100-300)	126
Productos lácteos		
Leche entera o equivalentes	250 (0-500)	153
Fuentes de proteínas		
Ternera, cordero y cerdo	14 (0-28)	30
Pollo y otras aves	29 (0-58)	62
Huevos	13 (0-25)	19
Pescado	28 (0-100)	40
Legumbres	75 (0-100)	284
Nueces y semillas	50 (0-75)	291
Grasas añadidas		
Aceites insaturados	40 (20-80)	354
Aceites saturados	11,8 (0-11,8)	96
Azúcares añadidos		
Todo tipo de azúcares	31 (0-31)	120

Fuente: Comisión EAT-Lancet.

<https://eatforum.org/wp-content/uploads/2025/09/EAT-Lancet_Commission_Summary_Report_Spanish.pdf>.

El informe sugería, entre otras cosas, que el consumo ideal de carne roja debía ser de 14 gramos al día. Menos de un bocado. Literalmente. También recomendaba reducir al mínimo el consumo de lácteos, huevos y pescados, mientras promovía el aumento masivo del consumo de cereales integrales, legumbres, aceites vegetales y frutos secos. En otras palabras, una dieta pobre en nutrientes animales, densa en carbohidratos, basada en productos exportables y de bajo coste. ¿Casualidad?

Lo más grave no era la dieta en sí, sino el lenguaje. El documento no daba sugerencias, sino imposiciones. Hablaba de «necesidad urgente de transformación», de «intervenciones estructurales» y de modelar el comportamiento humano a escala planetaria. No había rastro de humildad científica, ni reconocimiento de la diversidad cultural, metabólica o ecológica del mundo. Lo que proponía era una dieta para todos, desde Oslo hasta Nairobi, desde Nueva York hasta la Patagonia. Una solución única para un planeta que es todo menos homogéneo.

Y aquí es donde el aspecto ideológico se vuelve innegable. Porque más allá de las intenciones, lo que plantea la Comisión EAT-Lancet es una revolución alimentaria sin mandato democrático, sin discusión pública y sin transparencia económica. Una transformación radical en la forma en que los humanos nos alimentamos, dirigida desde despachos donde no se cocina, no se cultiva ni se cría ganado.

Los miembros de esta comisión —cuyos nombres ya conoces, Willett, Springmann, Stordalen y otros— han estado implicados en múltiples campañas y publicaciones con el mismo sesgo, producir miedo hacia la carne y fe hacia las alternativas vegetales ultraprocesadas. Y lo hacen utilizando modelos predictivos repletos de suposiciones discutibles, basados en estudios observacionales que no permiten establecer causalidad. Es decir, extrapolan a futuro consecuencias que no están respaldadas por la evidencia experimental.

Y, sin embargo, estos documentos son tratados como verdades absolutas. ¿Por qué? Porque cuentan con el respaldo de grandes fundaciones, con presupuestos de comunicación, alianzas estratégicas con medios de comunicación y el aval de instituciones académicas con prestigio histórico. Nadie se atreve a contradecirlos sin arriesgar su reputación profesional o su financiamiento.

El problema no es sólo lo que dicen, sino lo que no dicen. En ninguna parte del informe EAT-Lancet se contempla seriamente el papel de la ganadería regenerativa o la agroecología integrada, ni el valor ecológico de los rumiantes en ecosistemas bien gestionados. Tampoco se menciona el impacto de los monocultivos de soja, la erosión de suelos por el cultivo intensivo de cereales, ni la dependencia de fertilizantes sintéticos y pesticidas.

No se discute la pérdida de soberanía alimentaria que supone depender de ingredientes importados, ni el riesgo metabólico de una dieta alta en carbohidratos refinados, ni la necesidad de micronutrientes de origen animal en poblaciones vulnerables. Todos esos temas han sido cuidadosamente omitidos para mantener el discurso en su forma más digerible: carne es igual a crisis, las plantas son la salvación.

Pero el verdadero poder de EAT-Lancet no está en su ciencia, sino en su capacidad para generar acción política. Su red de aliados incluye al Foro Económico Mundial, el Banco Mundial, el Instituto de Recursos Mundiales (WRI), la Organización de las Naciones Unidas para la Alimentación y la Agricultura (FAO), la Organización Mundial de la Salud (OMS), y plataformas de ciudades como C40, donde se están probando políticas reales para reducir o eliminar el consumo de carne en escuelas, hospitales y espacios públicos.

Todo esto se presenta como una respuesta al cambio climático. Pero en realidad, se trata de una agenda para rediseñar el sistema alimentario global bajo el control tecnocrático, donde las decisiones no se toman desde abajo, sino desde plataformas privadas y alianzas público-privadas que no rinden cuentas ante ningún votante.

El mensaje es claro: la carne debe desaparecer. Y si no lo haces por convicción, lo harás por presión, por precio o por reglamento. Porque el plan no es sugerirte un cambio. Es imponerlo desde arriba, con un barniz de consenso científico y una propaganda moral inapelable.

Pero tú no tienes por qué tragar con eso.

1.3. El WBCSD, FReSH y la colonización del sistema alimentario

Llegados a este punto, ya has entendido que la guerra contra la carne no se libra sólo en los laboratorios de nutrición ni en las tribunas ideológicas. También se juega —y muy intensamente— en las salas de juntas de las grandes corporaciones. Porque si hay algo más rentable que vender alimentos naturales es transformar materiales baratos en productos ultraprocesados con valor añadido... y luego venderlos como si fueran mejores que los originales.

Aquí entra en escena el Consejo Empresarial Mundial para el Desarrollo Sostenible (WBCSD, por sus siglas en inglés World Business Council for Sustainable Development). Un nombre rimbombante, casi inocente, pero detrás de ese título institucional se esconde una red de más de 200 de las empresas más poderosas del planeta, con ingresos combinados superiores a los 8 billones de dólares. Estamos hablando de Nestlé, Unilever, PepsiCo, Bayer, Danone, Google, Kellogg's, Syngenta y muchas más. Empresas que no producen salud, sino volumen. Que no entienden de ecosistemas, sino de márgenes de beneficio.

El WBCSD no es una organización humanitaria. Es un *lobby* corporativo con agenda propia. Y, desde hace más de una década, esa agenda incluye «reformar» el sistema alimentario mundial. Reformar aquí no significa hacerlo más justo, más local, más resiliente. Significa redirigirlo hacia un modelo en el que los ingredientes simples, baratos y fácilmente procesables puedan convertirse en productos elaborados, empaquetados, etiquetados como saludables y sostenibles, y vendidos con enormes beneficios.

Para ello, el WBCSD impulsa un proyecto llamado FReSH (Food Reform for Sustainability and Health). Suena bien, ¿no? Comida, sostenibilidad, salud. Pero si rascas apenas un poco bajo la superficie, ves lo que realmente significa: una transición alimentaria global basada en la sustitución de productos de origen animal por sucedáneos vegetales ultraprocesados. Y no lo ocultan. En sus propios documentos, el WBCSD afirma que una de sus metas prioritarias es aumentar la disponibilidad de «proteínas alternativas», incluyendo sustitutos vegetales, fermentación de precisión y carne cultivada. En otras palabras, reemplazar la carne real por ingredientes de laboratorio. No por razones éticas ni ecológicas, sino porque ese tipo de producto puede patentarse, estandarizarse, fabricarse en masa y distribuirse globalmente. La carne real no puede competir con eso... si dejamos que ellos reescriban las reglas del juego.

El World Wildlife Fund (WWF), ¿defensa de la naturaleza y el medio ambiente?

Durante décadas, el logotipo del panda del WWF fue símbolo de pureza ecológica y compromiso con la vida salvaje, pero las conexiones directas entre sus directivos y corporaciones como Coca-Cola, Texaco, Barclays, Deloitte o Unilever revelan una realidad distinta: la conservación se ha convertido en una extensión del poder financiero. Lo que hasta entonces había sido un movimiento nacido de la conciencia y la defensa de la Tierra se transformó en una industria del consenso, donde banqueros, petroleras y farmacéuticas monetizan la naturaleza bajo el lenguaje amable de la sostenibilidad. La biodiversidad se traduce en balances contables y los ecosistemas en activos financieros. Así, la vida se protege en informes corporativos mientras se destruye en el terreno, y los mismos actores que provocan la degradación ambiental son los encargados de diseñar las soluciones.

Este proceso ha derivado en una paradoja: el discurso ambientalista ya no combate las causas de la crisis ecológica, sino que las disfraza de virtudes. Las campañas de «neutralidad climática» o «economía verde» no buscan regenerar, sino compensar; permiten seguir destruyendo mientras se paga por el permiso de hacerlo. Las corporaciones usan la filantropía ambiental como escudo moral y herramienta de control narrativo: cuando las petroleras o las multinacionales de refrescos financian proyectos de conservación, lo hacen para proteger su legitimidad y no el planeta. En muchos casos, estos programas «verdes» terminan desplazando pueblos indígenas o campesinos de sus tierras en nombre de la protección de la naturaleza, reproduciendo una nueva forma de colonialismo ecológico en la que la Tierra se administra como propiedad de los poderosos.

Frente a este modelo de conservación colonizada, la salida no está en reformar las instituciones ambientales, sino en recuperar la relación directa con la Tierra. Regenerar no es invertir ni compensar, es volver a participar en el ciclo vivo con responsabilidad y reciprocidad. Los ecosistemas se restauran con presencia humana consciente, con animales en el suelo, con comunidades que habitan y cuidan el territorio, no con fondos de inversión ni campañas publicitarias. El planeta no necesita más filántropos, necesita menos imperios; no requiere discursos sostenibles, sino prácticas reales de regeneración ya que la naturaleza no puede salvarse desde los mismos despachos que la destruyen, y ningún logotipo, por más verde que sea, puede reemplazar el vínculo genuino entre el ser humano y la Tierra viva.

Las estrategias del WBCSD se articulan con la propaganda de EAT-Lancet, reforzando mutuamente sus argumentos. Mientras EAT aporta el discurso moral, la justificación ética y el relato ambiental, el WBCSD se encarga de operacionalizar la agenda en términos de mercado. Lo que se dice en Oslo o Davos se implementa en las cadenas de producción de Nestlé, se etiqueta en los envases de Unilever y se incorpora a las líneas de productos de Danone.

Este maridaje entre ideología verde y tecnología alimentaria es uno de los ejes de la nueva colonización nutricional. No se trata de que dejes de comer hamburguesas, se trata de que dejes de comer carne y sigas comiendo hamburguesas, pero de carne falsa. Guisante texturizado, aceite de colza y proteína aislada de soja, con saborizantes, colorantes, aromas artificiales y goma guar. Todo *plant-based.* Todo *eco-friendly.*

Incluso las grandes empresas cárnicas, viendo venir la tormenta, han intentado reconvertirse. Tyson Foods y JBS, dos gigantes de la carne industrial, han rediseñado su marca para convertirse en «empresas de proteínas» e intentaron adentrarse en el mercado *plant-based.* Pero sus intentos no fueron tan exitosos. No tienen el relato, ni el *branding*, ni la conexión emocional con el nuevo consumidor verde. Esas armas las dominan empresas como Beyond Meat, Impossible Foods y sus aliados tecnológicos.

Y aquí está la ironía más perversa: los mismos conglomerados que arrasaron los ecosistemas con agricultura intensiva, pesticidas y monocultivos, hoy se presentan como los salvadores del planeta gracias a sus hamburguesas de laboratorio. Las mismas marcas que te enfermaron durante décadas con productos cargados de azúcar, harinas refinadas y aceites industriales, ahora quieren que los aplaudas porque te ofrecen *nuggets* de «pollo vegano».

1.4. ¿La «carne cultivada» transformará nuestro sistema alimentario hacia una mayor sostenibilidad?

En 1912, el biólogo francés Alexis Carrel demostró que un tejido muscular podía seguir vivo en una placa de Petri. Veinte años después, Winston Churchill imaginaba ya un futuro en el que no sería necesario «criar un pollo entero para comer sólo el ala». Era la semilla de una idea que tardaría un siglo en germinar: la producción de carne sin animales.

En el año 2013, el científico Mark Post presentó en Londres la primera hamburguesa cultivada en laboratorio. Costó más de 2 millones de euros por kilo. Desde entonces, una avalancha de empresas —Mosa Meat, Upside Foods, Aleph Farms, SuperMeat, entre muchas otras— prometieron un futuro de carne sin sacrificio, sin emisiones y sin culpa.

El relato fue seductor: salvar animales, salvar el planeta y salvarnos de nosotros mismos. Pero, como toda promesa tecnocrática, se sostuvo más en la retórica que en la realidad.

Ahora, más de sesenta empresas compiten por posicionarse como las «nuevas granjas del futuro». Y el capital fluye: 3.000 millones de dólares en inversión privada. Mientras la investigación pública apenas alcanza un puñado de estudios sobre su inocuidad, su nutrición o su impacto ambiental.

Gráfico 1.2. Cronología de una ilusión

1912	Carrel mantiene músculo vivo fuera del cuerpo.
1932	Churchill imagina «cultivar alas y pechugas en medios nutritivos».
2013	Primera hamburguesa *in vitro*.
2016	Se funda el Good Food Institute, núcleo de la evangelización de la carne celular.
2020	Singapur aprueba la venta de carne de laboratorio.
2023-2024	Estados Unidos e Israel hacen lo mismo, mientras varios países europeos (Italia, Francia, Austria) comienzan a prohibirla.

Sin embargo, lo que se vende no es carne, sino una idea: que la biotecnología podrá sustituir a la ecología. Sin embargo, nos encontramos ante la paradoja ambiental. El discurso oficial presenta la carne cultivada como un triunfo ecológico: menos emisiones, menos agua y menos tierra. Pero los datos revisados por la FAO y por equipos independientes cuentan otra historia.

Los procesos industriales de cultivo celular requieren energía constante (biorreactores que mantengan una temperatura estable), materiales altamente purificados y medios de cultivo ricos en aminoácidos, hormonas y vitaminas que deben producirse sintéticamente. Y el resultado final es claro:

- Emisiones equivalentes o superiores al ganado aviar y porcino.
- Un consumo energético altísimo, dependiente de fuentes fósiles.
- Una «huella de carbono» que sólo mejora en simulaciones ideales con energías cien por cien renovables.

Además, la promesa de «ahorrar agua y tierra» ignora que el 70 por ciento del territorio usado por el ganado son pastos no cultivables, en los que la ganadería regenerativa actúa como biorremediación y secuestro de carbono. Eliminar el animal del suelo no es una victoria ecológica, es la desertificación del metabolismo entre la Tierra y el ser humano. La carne cultivada no es sólo una tecnología, es un acto simbólico.

Representa el intento moderno de usurpar el papel de la naturaleza, de producir sin gestar, de alimentar sin morir. Es la continuación lógica de la civilización que ya separó el cuerpo de la Tierra, la comida de la agricultura, la luz del sol de la luz de las pantallas. El hombre tecnocrático, que ya teme y temía la sangre y mancharse con ella, ahora pretende abolirla.

Rechaza la muerte pero la multiplica en silencio, la muerte del vínculo, de la tierra viva, del animal simbiótico que mantenía el ciclo del carbono, del nitrógeno y del alma. Es la carne sin sacrificio, pero también sin sol, sin hierba, sin intestino, sin vida interior. Una copia sin metabolismo, un tejido sin historia. Es ni más ni menos que el espejismo ético. Se nos dice que esta carne salvará animales. Pero para crearla se siguen usando suero fetal bovino (FBS) —extraído del feto de vacas preñadas—, y millones de litros de medios sintéticos derivados del petróleo.

No hay ética en la sustitución del dolor natural por la esclavitud química del laboratorio. El problema no es la muerte del animal, sino el olvido del sacrificio: esa ceremonia ancestral en la que la vida se ofrece a sí misma para que otra continúe. La carne cultivada elimina el sacrificio, pero también el significado. El gran reemplazo no es sólo alimentario: es ontológico.

El granjero se convierte en operador, el ganado en biomasa celular, la granja en biorreactor urbano. La carne deja de ser un fruto del ecosistema para convertirse en un producto del software, optimizado, patentable y calculable. Esto no es evolución, es amputación.

Al eliminar el animal, eliminamos el espejo en el que veíamos nuestra propia animalidad. El humano se cree libre de lo biológico, pero en realidad se vuelve dependiente del tecnosistema que lo alimenta.

1.5. Más allá del laboratorio

No hay regeneración posible sin interacción entre lo vivo. El Regetarianismo no defiende el retorno al pasado, sino el retorno al metabolismo, al entendimiento de que toda carne es solar, y todo alimento, si es verdadero, participa del ciclo tierra-planta-animal-humano-suelo.

La carne cultivada interrumpe ese flujo:

- No fija carbono, lo libera.
- No genera suelo, lo ignora.
- No crea vida, la replica.

Es la carne que niega su linaje. La carne del zoohumano digital, que ya no necesita la vaca ni el campo porque ha internalizado la máquina. Quizá el verdadero peligro no sea que la carne cultivada fracase, sino que tenga éxito. Porque si triunfa, no sólo cambiará lo que comemos: cambiará lo que creemos ser. El problema no es técnico ni económico, es espiritual.

Cuando el ser humano decide «crear carne» sin comprender el sacrificio del animal, está intentando ser Dios sin haber aprendido aún a ser tierra. ¿Y sabes por qué pueden hacerlo? Porque ellos tienen la capacidad de transformar ingredientes baratos —extractos de proteína, almidón de patata, aceite de girasol, levaduras modificadas— en productos altamente procesados, diseñados para parecerse a los alimentos reales, pero que no son más que una ilusión comestible. La comida ya no es lo que parece. Es un simulacro. Y ese simulacro se sostiene sobre tres pilares:

1. Tecnología alimentaria avanzada que permita texturizar, aromatizar, estabilizar y conservar ingredientes inertes.
2. Marketing emocional que conecte el producto con valores como salud, compasión, ecología o progreso.
3. Políticas públicas que desincentiven el consumo de alimentos reales y favorezcan las alternativas ultraprocesadas mediante subsidios, impuestos, restricciones o campañas educativas.

Todo esto está ocurriendo delante de tus ojos. Pero está tan bien disfrazado que parece normal.

La agenda es clara, crear una nueva normalidad alimentaria. Una en la que lo natural es sospechoso, lo ancestral es retrógrado, lo animal es inmoral y lo procesado es la verdadera virtud. En la que los alimentos de verdad son sustituidos por sucedáneos con etiquetas y el ganadero o el agricultor es desplazado por el tecnólogo. En la que el sabor, la textura y la experiencia son imitadas, pero la conexión con la tierra se pierde. Y lo más inquietante es que este modelo se impone globalmente.

Ya no se trata sólo de lo que compras en el supermercado. Se trata de lo que comerán tus hijos en la escuela, tus padres en el hospital, o incluso tú mismo en un restaurante público. Porque los alineamientos de sostenibilidad de esas sociedades y entes que vas conociendo están siendo adoptados por gobiernos, ministerios de salud, programas escolares y estrategias climáticas. Están decidiendo por ti, sin ti.

El resultado final es una colonización alimentaria global, gracias a la cual el alimento deja de ser algo vivo, local y arraigado para convertirse en una mercancía replicable, digitalizable, clasificable y rentable. Ya no importa si es nutritivo, ni si es real. Lo que importa es que sea compatible con la propaganda del sistema. Y rentable para quienes lo dominan.

Lo llaman sostenibilidad, pero es sólo control.

1.6. La Doble Pirámide de Barilla y el disfraz del *think tank*

Hasta ahora has visto cómo se construye un discurso global para deslegitimar el consumo de carne y glorificar las alternativas vegetales ultraprocesadas. Pero ese discurso no flota en el aire: necesita anclajes visuales, marcos conceptuales que parezcan científicos, materiales pedagógicos que puedan ser reproducidos en escuelas, medios y organismos públicos. Ahí es donde entra en escena la Barilla Foundation, también conocida como Barilla Center for Food and Nutrition (BCFN).

A simple vista, esta fundación se presenta como un *think tank* independiente, un centro de pensamiento dedicado a la promoción de sistemas alimentarios sostenibles. Sin embargo, basta con escarbar apenas un poco para ver que no es otra cosa que un brazo ideológico y publicitario de la empresa Barilla, el gigante italiano de la pasta, las harinas refinadas y los productos ultraprocesados a base de cereal.

¿Y quiénes están en la junta directiva de la fundación? Pues nada menos que los hermanos Guido, Luca y Paolo Barilla, propietarios del 85 por ciento del conglomerado empresarial familiar. ¿Independiente? Sólo si crees que los dueños de Coca-Cola pueden presidir un instituto neutral sobre salud metabólica. Ahora bien, ¿cuál es el instrumento estrella de esta fundación? Una herramienta gráfica con nombre imponente: la Doble Pirámide (figura 1.1).

Figura 1.1. El modelo de doble pirámide alimentaria y medio ambiental

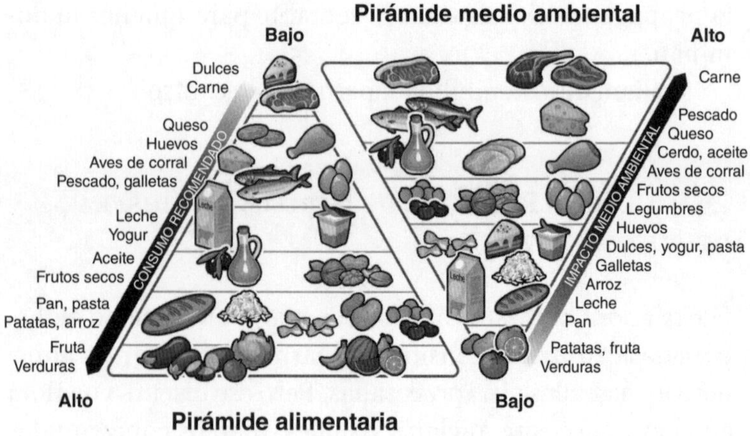

Fuente: © Salomart.

A primera vista, la pirámide es simple. A la izquierda, una pirámide nutricional clásica: en la base, cereales, frutas y vegetales; en el centro, legumbres y pescado; en la cúspide, carne roja y dulces. A la derecha, una pirámide invertida con impacto ambiental: lo que más contamina arriba, lo que menos contamina abajo.

El mensaje que transmite, sin necesidad de palabras, es claro: los alimentos más nutritivos coinciden con los más sostenibles... siempre que no sean de origen animal. Y los que se deben evitar —como la carne roja— aparecen como los peores para tu salud y para el planeta. ¿Te suena familiar? Es el mismo relato que has visto en EAT-Lancet, en el WBCSD, en los medios de comunicación o en los menús escolares, pero aquí envuelto en diseño italiano, en infografías atractivas, en un lenguaje que mezcla ciencia con moralidad.

Esta pirámide ha sido difundida en decenas de países, traducida a múltiples idiomas, y —aquí viene lo más preocupante— incorporada a programas educativos oficiales, como el Memorando de Entendimiento con el Ministerio de Educación de Italia, donde la pirámide se presenta a escolares de primaria como una verdad científica incuestionable. ¿Lo ves? No sólo están cambiando tu percepción: están moldeando la de tus hijos desde la escuela.

Pero ¿quién diseñó esta pirámide? Investigadores directamente vinculados a la Barilla Foundation, entre ellos el director científico Riccardo Valentini, que en su artículo original, publicado en una revista de nutrición, incluía la siguiente afirmación: «Los autores declaran no tener ningún conflicto financiero o comercial que pueda interpretarse como un conflicto de intereses».

¿De verdad? ¿Una pirámide nutricional que promueve el consumo de pasta, legumbres, pan y galletas, diseñada y financiada por la mayor empresa de pastas de Europa... y nadie ve un conflicto de interés?

Ésta es una de las jugadas más eficaces del nuevo *lobby* verde: disfrazar intereses económicos como iniciativas académicas y filantrópicas. Todo esto es una especie de ciencia empaquetada, lista para ser difundida en escuelas, medios y organismos internacionales, sin necesidad de pasar por el filtro crítico de la ciencia independiente.

Lo más preocupante es que esta pirámide no contempla la densidad nutricional de los alimentos animales, ni su biodisponibilidad, ni su rol evolutivo, ni su importancia para poblaciones vulnerables como niños, embarazadas o ancianos. Tampoco distingue entre tipos de carne, ni entre sistemas de producción intensivos o regenerativos. Para ellos, carne es carne. Y debe reducirse al mínimo. En cambio, los cereales —con o sin refinamiento— ocupan un lugar privilegiado. ¿Por qué? Porque son fáciles de producir en masa, almacenables, exportables, transformables. Porque forman la base del modelo agroalimentario que Barilla domina desde hace décadas. Y porque no hay mayor negocio que convertir harina y agua en un producto con alto margen de beneficio, etiquetado como saludable y sostenible. El mensaje implícito es tan peligroso como efectivo, si quieres cuidar tu salud y salvar el planeta, come lo que Barilla produce. Todo lo demás —carne, huevos, lácteos, grasas animales— queda relegado a la categoría de lujo decadente o crimen ecológico.

Y ésta no es una propaganda aislada. Es parte de la misma constelación que ya has visto: Barilla forma parte de los foros de EAT; sus representantes han compartido escenario con Gunhild Stordalen, Walter Willett y Marco Springmann; han participado como coorganizadores en cumbres internacionales, y sus materiales son utilizados en iniciativas conjuntas con el WBCSD y otros organismos. Todo está conectado. Lo que se presenta como «dieta sostenible» no es más que una justificación ideológica para el modelo de negocio cerealista y ultraprocesado, ahora envuelto en ropaje verde.

El relato es emocional, pero su lógica es contable. No quieren que comas menos carne por tu salud, ni por el planeta. Quieren que la reemplaces por alimentos que ellos puedan producir, distribuir y vender a escala. Y lo están logrando. Cada vez que una escuela adopta la pirámide de Barilla, cada vez que un nutricionista la imprime en su consulta, cada vez que un niño memoriza su estructura sin cuestionarla, la propaganda avanza. Se normaliza la idea de que la carne es un problema, y que el pan es parte de la solución. Así, el consumidor deja de elegir. El productor local desaparece. Y el alimento se convierte, una vez más, en una herramienta de control cultural, político y económico.

Pero tú aún puedes ver la trampa. Aún puedes señalar la incoherencia. Porque detrás de cada pirámide, de cada guía alimentaria, de cada campaña sobre el «futuro sostenible de la comida», hay una empresa, una propaganda y un interés concreto. Y si no estás atento, acabarás comiendo según su plan y no según el tuyo.

1.7. Cómo se construye una agenda alimentaria desde el poder

Hasta aquí ya lo has intuido: esto no va de salud. Ni va sólo de medio ambiente. Va de poder. Poder para decidir qué debes comer, qué debes sentir cuando comes y qué debes pensar de aquellos que no comen como tú. Y ese poder se ejerce desde una arquitectura perfectamente diseñada para parecer democrática, científica y compasiva, pero que en realidad funciona como una maquinaria de condicionamiento cultural.

El rediseño de la alimentación humana no ocurre por arte de magia. No basta con publicar una pirámide alimentaria o un editorial apocalíptico. Para que ese discurso cale, para que se instale en tu mente y modifique tu comportamiento, se requiere de una estrategia coordinada entre instituciones, medios, reguladores, empresas y ONG. Y eso es precisamente lo que está ocurriendo.

Primero, se moldea el lenguaje. ¿Te has dado cuenta de cómo cada vez se habla menos de «carne», «huevos» o «grasa animal» y más de «proteínas»? Es una sustitución calculada. *Proteína* es un término neutro, técnico, intercambiable. Permite equiparar un filete de vaca con una salchicha vegetal o una barra energética de soja. El objetivo es borrar las diferencias cualitativas entre los alimentos reales y sus imitaciones, para que aceptes el cambio sin darte cuenta.

En segundo lugar, se captura el discurso científico. ¿Cómo? Financiando estudios, promoviendo investigadores afines, desplazando el foco hacia indicadores ambiguos, como «impacto ambiental por gramo de proteína», que favorecen a los productos procesados vegetales y penalizan a los animales rumiantes, especialmente los criados de forma extensiva. Así, se genera un aparente consenso científico que en realidad responde a un sesgo institucional y económico deliberado.

Después, se toma el control de los medios de comunicación. Editoriales como *The Lancet*, medios digitales, revistas de *lifestyle*, documentales de Netflix, campañas en redes sociales... Todos repiten los mismos mantras con distintas voces: «La carne contamina», «las plantas salvan», «el futuro es vegetal». No importa si el contenido es riguroso o no. Lo que importa es que el mensaje se repita hasta que parezca natural. Y eso es propaganda.

En cuarto lugar, se diseñan instrumentos de presión política. Por ejemplo, los impuestos a la carne propuestos por Springmann. O las guías dietéticas nacionales que reducen la carne a la mínima expresión. O los menús escolares en los que la proteína animal desaparece, sustituida por platos insípidos y desequilibrados. Todo se presenta como parte de un movimiento progresista, moderno y humanitario. Pero, en realidad, es una estrategia de reingeniería social profundamente autoritaria.

Y por último, se activan los mecanismos de culpa colectiva. El mensaje es claro, si comes carne, contribuyes a la crisis climática. Si le das leche a tu hijo, eres parte del problema. Si prefieres mantequilla a margarina, eres retrógrado, insensible y egoísta. El objetivo es que internalices la vergüenza y la incomodidad. Que tú mismo seas el censor de tus deseos alimentarios. Que te sientas culpable por buscar lo que tu cuerpo ha necesitado desde siempre.

¿Quién dirige esta orquesta? Nadie en particular, pero todos los instrumentos tocan la misma partitura: EAT, WBCSD, WWF, OMS, BCFN, medios de comunicación, fundaciones filantrópicas, académicos afines, plataformas de «ciudades sostenibles», ONG ecologistas, políticos «verdes» y empresas del sector agroindustrial. Todos conectados por una red de intereses, financiamiento cruzado, agendas comunes y eventos compartidos.

No es conspiración, sino arquitectura de poder. Es hegemonía cultural disfrazada de activismo. Y no se detienen en sugerencias. En documentos internos de organizaciones como el Instituto de Recursos Mundiales (WRI), uno de los socios de EAT, se menciona la estrategia de «La Rueda del Cambio». ¿Su objetivo? Modificar el comportamiento alimentario de las masas usando las mismas tácticas de marketing que emplean las empresas para vender refrescos o cosméticos. En el próximo capítulo la desarrollaré en detalle, pero quiero darte unas pequeñas pinceladas ya.

En su manual se mencionan acciones como «hacer que la carne sea socialmente inaceptable», «disimular el cambio», «crear nuevos mercados», «introducir regulaciones progresivas», «gravar la carne (impuestos)» o incluso eliminarla de los menús de los restaurantes.[9] ¿Te das cuenta? No están debatiendo contigo. Te están redirigiendo como a una variable de mercado.

Y lo más insidioso es cómo se camuflan. Estas organizaciones no se presentan como *lobbies*, sino como fundaciones científicas, grupos de expertos, plataformas independientes, movimientos juveniles y alianzas por el planeta. Usan un lenguaje emocionalmente poderoso, salvar el futuro, proteger la infancia, luchar contra el hambre. Pero detrás del eslogan hay intereses industriales muy concretos.

Unilever, por ejemplo, ofrece ya más de 700 productos veganos en Europa. También ha comprado The Vegetarian

9. «The Shift Wheel: Changing Consumer Purchasing», World Resources Institute, 2020, <https://www.wri.org/data/shift-wheel-changing-consumer-purchasing>.

Butcher, una empresa de carnes vegetales cuyas campañas publicitarias fueron diseñadas por un político del Partido Holandés para los Animales y por un adventista del séptimo día. ¿Casualidad? Nada en esta agenda lo es.

La matriz de influencia se remonta a décadas atrás, con figuras como Maurice Strong, creador del WBCSD, empresario petrolero y arquitecto del ambientalismo moderno. Strong tenía vínculos con Petro-Canada, una empresa energética canadiense; con grupos esotéricos como Lindisfarne y con fundaciones que hoy forman parte del ecosistema EAT-Lancet. Su objetivo declarado era fortalecer el control de la ONU sobre los asuntos globales usando la emergencia climática como catalizador. Y la alimentación, por supuesto, era una de las palancas centrales de este plan.

Hoy, ese legado sigue vivo en entidades como el Centro de Resiliencia de Estocolmo, el Instituto de Recursos Mundiales, el Banco Mundial, el Foro Económico Mundial, GAIN, IIASA, Barilla Foundation, Rockefeller, Open Society y, por supuesto, Bill y Melinda Gates Foundation. Todos forman parte del mismo entramado que financia, diseña y difunde el discurso de que el futuro debe ser *plant-based*.

¿Y tú dónde quedas en todo esto? Quedas como consumidor objetivo, como comensal programado. Como número en un gráfico, como comportamiento a redirigir. Como humano desnutrido, pero ecológicamente correcto.

Pero no eres eso.

Eres un ser humano con historia, con biología y con necesidades reales. Y tienes derecho a comer alimentos que nutran tu cuerpo, respeten tu cultura y honren tu relación con la naturaleza. No estás obligado a aceptar su relato. No tienes por qué vivir según su ingeniería social. Porque cuando un sistema necesita manipularte, engañarte, empujarte y castigarte para que comas de cierta forma, quizá no es tan ético ni tan sostenible como dice ser.

2

La Rueda del Cambio: ingeniería social y manipulación del comportamiento

Te hablaron de elección. Te hablaron de libertad. Te dijeron que las dietas *plant-based* o de origen vegetal eran una opción más dentro de un abanico diverso, abierto y consciente. Pero si eso fuera cierto, ¿por qué están tan obsesionados con modificar tu conducta sin preguntarte?

En 2020, el World Resources Institute (WRI) —uno de los socios estratégicos de EAT y WBCSD— publicó un documento interno que revela lo que hasta entonces se había insinuado entre líneas, la alimentación del futuro no será fruto del deseo popular ni de la evolución natural de la cultura culinaria, sino de un rediseño del comportamiento humano a través de herramientas de manipulación social.[10]

A este enfoque lo llaman con una expresión tan inofensiva como engañosa de la que hablamos, *The Shift Wheel*, o «La Rueda del Cambio». Un modelo de intervención ins-

10. Ranganathan, Janet, *et al.*, «Shifting diets for a sustainable food future», World Resources Institute, 2016, <https://wriorg.s3.amazonaws.com/s3fs-public/Shifting_Diets_for_a_Sustainable_Food_Future_1.pdf?_ga=2.114696014.831878447.1548317259-387216062.1543582872>.

pirado en el marketing comercial, pero aplicado a escala poblacional, con el fin explícito de reducir el consumo de carne y sustituirlo por productos «más sostenibles».

Ya lo mencionábamos antes. No es una teoría de conspiración. Es un documento público. Está escrito con frialdad estratégica, sin rodeos. Entre sus «tácticas» figuran:

- «Hacer que la carne sea socialmente inaceptable.»
- «Disimular el cambio» para que el consumidor no note la sustitución.
- «Crear nuevos mercados» de los que los alimentos reales son expulsados.
- «Rediseñar los menús» para que la carne deje de ser la opción central.
- «Usar desafíos de 30 días» como herramientas de reprogramación psicológica.
- «Modificar las guías alimentarias oficiales» para excluir productos animales.
- «Implementar impuestos» como mecanismo de presión económica.
- «Eliminar la carne de los restaurantes y espacios públicos» de forma progresiva.

Estas acciones están ordenadas según su nivel de coerción, desde lo blando (influencia emocional y etiquetado) hasta lo duro (prohibiciones y sanciones). Pero el objetivo es siempre el mismo: hacer que dejes de elegir carne, aunque no quieras, y lograrlo sin que sientas que alguien te lo ha impuesto.

Esto es lo que se conoce como *nudging*, un empujón conductual que no prohíbe, pero manipula. Lo usan los bancos para que ahorres más. Lo usan las apps para que entrenes más. Y ahora, lo usan los planificadores del sistema alimentario para que comas lo que ellos han decidido que debes comer.

¿Recuerdas cómo empezaste a ver carteles que decían *plant-based* en todas partes? ¿Cómo los menús escolares empezaron a cambiar sin aviso? ¿Cómo los medios comenzaron a repetir que comer carne es tan dañino como fumar? Todo eso no es casualidad. Es la aplicación meticulosa de una estrategia. Una ingeniería social sutil, pero efectiva.

El nombre suena amable, «La Rueda del Cambio». Pero lo que implica es un desplazamiento de tu capacidad de elegir hacia la imposición progresiva de un sistema alimentario artificial, sin carne, sin raíces, sin identidad. Un menú diseñado por comités, no por cultura. Por algoritmos, no por agricultores. Por tecnólogos, no por nutricionistas clínicos ni sabiduría ancestral.

Lo más perverso es que no necesitas estar de acuerdo. El sistema funciona sin tu consentimiento, Porque no opera a través de la persuasión directa, sino mediante la saturación informativa, la distorsión de la percepción del riesgo, la manipulación del lenguaje y el rediseño del entorno. Tú sólo tienes que estar allí, como consumidor pasivo. Ellos hacen el resto.

¿Quién financia estas estrategias? Gobiernos, fundaciones, empresas. Todos con intereses en modelar la sostenibilidad desde arriba, y en crear nuevos mercados bajo la bandera de la justicia climática.

Pero ¿qué es realmente la sostenibilidad si no puedes cultivar tu alimento, ni elegir tu dieta, ni cuestionar lo que se te impone? ¿Qué tipo de salud puede emerger de una dieta diseñada para generar dependencia de productos industrializados, suplementación forzada, aditivos y ultraprocesamiento? El cambio no es orgánico, es programado. Y tú eres el blanco.

EAT y sus aliados lo saben. Por eso organizan cumbres en Davos, donde no asiste gente del campo ni nutricionistas reales, sino CEO de grandes empresas, científicos con conflictos de intereses, *influencers*, políticos urbanos y filántropos reconvertidos en ingenieros sociales. Allí se definen las líneas estratégicas para acelerar la transición alimentaria y hacerla irreversible.

¿Y qué hacen con todo eso? Lo trasladan a iniciativas nacionales, a los marcos de políticas de salud pública, a las nuevas directrices de compras institucionales, a los contratos con gobiernos locales. Así, las decisiones no parecen autoritarias. Parecen democráticas. Pero en realidad han sido decididas sin ti.

La Rueda del Cambio no te castiga de inmediato. Te condiciona. Te rodea. Te convierte poco a poco en alguien que ya no recuerda por qué comía lo que comía. En alguien que acepta sin resistencia un alimento sin vida, sin historia, sin cultura. Te convierte en sujeto de mercado, no en protagonista de tu nutrición.

Y cuando levantas la mano para cuestionarlo, te acusan de conspiranoico, porque, según ellos, no hay nada que temer, todo es por el bien común. Pero el bien común no se construye con manipulación, ni con coerción, ni con sustituciones encubiertas. Se construye con verdad, autonomía y soberanía alimentaria. Y eso es justo lo que están intentando borrar del mapa.

Quizá aún tengas dudas. Quizá sigas pensando que, al fin y al cabo, si alguien elige voluntariamente una hamburguesa hecha de vegetales en vez de carne real, tampoco pasa nada. Que cada uno coma lo que quiera. Que hay espacio para todos. Ni la naturaleza ni la biología conocen el término *hippie*, ni el estilo de vida *woke*.

Y sí, ésa sería la actitud sensata... si estuviéramos hablando de elecciones libres, informadas y honestas. Pero el problema es que la carne falsa no se presenta como una opción más. Se está vendiendo como la única opción moralmente aceptable y, lo que es aún más grave, como si fuera mejor para tu salud y para el planeta. Ahí es donde la mentira se vuelve peligrosa.

Porque la carne falsa —llámala *plant-based, meatless, veg burger*, proteína alternativa o como prefieras— no es carne. Ni lo parece. Ni te aporta lo mismo. Es un producto industrial diseñado para imitar textura, sabor y color, a base de ingredientes ultraprocesados, aditivos sintéticos y tecnología de extrusión. Un simulacro comestible, fabricado para parecer virtuoso.

Su marketing apela a tus emociones a través del sufrimiento animal, la deforestación o el cambio climático. Y todo eso mientras oculta de manera deliberada lo que contiene en realidad. Vamos a desglosarlo, para ver realmente qué estamos consumiendo cuando optamos por uno de estos productos.

2.1. Lo que se esconde detrás de la carne falsa

En general, una hamburguesa de este tipo contiene:

- Proteína aislada de guisante o soja, extraída mediante procesos químicos que eliminan la matriz vegetal natural y dejan sólo el aislado, desprovisto de fibra, minerales o enzimas.
- Aceite vegetal refinado de canola, girasol o coco desodorizado, que son grasas inestables, inflamatorias y que se oxidan con facilidad, pero que son baratas y le dan jugosidad.
- Almidones y gomas, para mantener cohesión, retener agua, imitar textura como goma guar, carragenina o metilcelulosa.

- Aromas y saborizantes «naturales», una categoría legal ambigua que puede incluir hasta compuestos sintéticos, diseñados en laboratorios.
- Colorantes como leghemoglobina o extracto de remolacha, para simular el sangrado de la carne, aunque la base siga siendo un puré vegetal extrusionado.
- Vitaminas y minerales añadidos, para compensar lo que el producto no tiene de forma natural.

Tabla 2.1. Lista de ingredientes de hamburguesas de carne falsa y comida para perros

Agua, **aislado de proteína de guisante**, aceite de canola prensado en frío, aceite de coco refinado, proteína de arroz, sabores naturales, manteca de cacao, proteína de frijol mungo, metilcelulosa, **almidón de patata**, extracto de manzana, **sal**, cloruro de potasio, vinagre, concentrado de jugo de limón, **lecitina de girasol**, polvo de granada, extracto de jugo de remolacha	Guisante, boniato, **proteína de guisante**, almidón de guisante, lentejas, harina de linaza, **aceite de girasol** conservado con **tocoferoles mixtos**, carbonato de calcio, saborizante vegetal, **sal**, vitaminas (suplemento de cloruro de colina, suplemento de vitamina E, suplemento de vitamina A, suplemento de vitamina D3, pantotenato de calcio, mononitrato de tiamina, clorhidrato de piridoxina, suplemento de riboflavina, **niacina**, ácido fólico, biotina, **suplemento de vitamina B12**), minerales	Agua, **concentrado de proteína de soja**, aceite de coco, **aceite de girasol**, sabores naturales, 2 % o menos de: proteína de patata, metilcelulosa, extracto de levadura, dextrosa cultivada, almidón alimentario modificado, leghemoglobina de soja, **sal**, aislado de proteína de soja, **tocoferoles mixtos** (vitamina E), gluconato de zinc, clorhidrato de tiamina (vitamina B1), ascorbato de sodio (vitamina C), **niacina**, clorhidrato de piridoxina (vitamina B6), riboflavina (vitamina B2), **vitamina B12**

Nota: En un experimento se compararon las listas de ingredientes sin decir cuál era cuál, mostrando que resulta difícil diferenciarlas porque todas contienen ingredientes procesados, aceites refinados, proteínas aisladas y vitaminas añadidas. La primera y la tercera lista corresponden a carne falsa, mientras que la segunda es comida para perros.

Fuente: Elaboración propia.

Todo esto se mezcla, se emulsiona, se texturiza y se moldea mediante maquinaria industrial a alta presión y temperatura. No hay cocina. No hay esa labor culinaria ancestral, ni fermentación, ni interacción con bacterias beneficiosas, ni nada que se parezca a un alimento tradicional. Y lo peor es que luego se presenta como si fuera mejor que la carne real, la de toda la vida, la que tu cuerpo reconoce desde hace milenios. ¿Te das cuenta de la magnitud del engaño?

Están reemplazando un alimento completo, denso en nutrientes, con un perfil perfecto de aminoácidos, vitaminas liposolubles, hierro hemo, B12, colina, creatina, carnitina y grasas saludables... por un producto de laboratorio que intenta emular lo visible, el sabor en boca, pero no lo esencial.

Porque una parte clave de la estrategia es hacerte olvidar lo que la carne realmente es. Te hablan sólo de emisiones, de animales, de deforestación, pero no te dicen que la carne ha sido, durante millones de años, el pilar de la evolución humana. Que fue lo que permitió el crecimiento cerebral, el desarrollo de nuestras capacidades cognitivas, la reducción del intestino, la eficiencia energética. Que nuestros antepasados no sobrevivieron a base de cereales y lechugas. Sobrevivieron a base de caza, sangre, grasa y vísceras. Y no te dicen que una hamburguesa vegana puede tener una carga glucémica más alta que un pan blanco. Que sus aceites refinados afectan la función mitocondrial. Que los aditivos que contiene no han sido probados en combinación a largo plazo. Que en muchos casos contienen residuos de pesticidas, metales pesados o subproductos del procesamiento industrial.

Tampoco te dicen que estos productos crean dependencia: no sólo por su hiperpalatabilidad, sino porque no te sacian del mismo modo que un filete real. La falta de nutrientes esenciales te lleva a comer más, a suplementarte, a desear dulces, a alterar tu saciedad hormonal. Es el ciclo perfecto del consumidor crónicamente insatisfecho. Y ése es el punto.

La carne real no es negocio. La carne real no se puede patentar. La carne real es una vaca, un ganadero, un ecosistema. Es cíclica, limitada, localizada. En cambio, la carne falsa es infinitamente reproducible, transportable, vendible, escalable. Encaja en las cadenas logísticas globales. Se ajusta a los estándares de certificación industrial. Y, lo más importante: es programable.

¿Quieres más hierro? Se le añade. ¿Quieres más omega 3? Se aumenta. ¿Quieres hacerlo *halal*, *kosher*, apto para intolerantes, *friendly* para cualquier grupo de moda? Sólo necesitas reformular la receta y cambiar la etiqueta. Es un alimento a demanda. Hecho para el algoritmo. No para tu biología.

Y mientras tanto, la carne real se llena de trabas. Nuevas normativas, restricciones, impuestos, culpabilización mediática. Te dicen que contamina, que enferma, que mata. Sin embargo, ignoran que hay ganaderías regenerativas que capturan carbono, restauran suelos y generan biodiversidad. Ignoran que un filete de vaca criada a pasto es mucho más ecológico que una fábrica de soja, más que cualquier «sustituto sostenible».

¿Y sabes por qué lo ignoran? Porque no pueden beneficiarse de ello. La carne regenerativa no necesita industria. Sólo necesita sol, agua, pasto, ciclos naturales y respeto. Por eso molesta. Porque no se puede controlar. Porque representa soberanía, arraigo, nutrición profunda. Porque es libertad.

Y la carne falsa, en cambio, representa la domesticación perfecta del consumidor. Come lo que te damos. Confía en el sistema. No preguntes de dónde viene. Cree en la etiqueta.

Pero tú no has llegado hasta aquí para comer etiquetas. Has llegado para alimentarte. Para honrar tu cuerpo, tu fisiología, tu historia como ser humano. Y eso no lo encontrarás en una bandeja sellada con código QR.

2.2. La naturaleza no se vende: el Foro de Davos, las finanzas mundiales y el asalto final al bien común[11]

No están salvando la naturaleza. Están reconfigurando su valor en bolsa. Lo has visto con tus propios ojos, aunque no lo sepas. Cuando las élites financieras suben a un escenario a hablar de sostenibilidad, no están pensando en raíces, árboles o abejas, sino en activos financieros, en algoritmos de riesgo, en estrategias de cobertura y en productos derivados verdes.

El Foro de Davos de 2024 no fue la excepción. El panel titulado «Are the financial risks of climate change under-priced?» parecía anodino, casi técnico. Pero si sabes leer entre líneas, ves el truco con facilidad: no se trataba de salvar al planeta. Se trataba de cómo sacarle dinero al colapso ecológico.

Estaban allí la climatóloga Katharine Hayhoe, Inger Andersen del PNUMA, la influyente economista Mariana Mazzucato, y Steven van Rijswijk, CEO de ING Group. Lo que propusieron no fue una solución ecológica, sino una estrategia contable: cómo adaptar los mercados para seguir siendo rentables en un mundo que se derrumba.

11. Basado en las declaraciones del panel «Are the financial risks of climate change under-priced?» en el Foro Económico Mundial de 2024, con Katharine Hayhoe, Inger Andersen, Mariana Mazzucato y Steven van Rijswijk.

El nuevo mercado: aire, agua, suelo, clima

Ya no pueden ocultar la devastación. Sin embargo, en vez de asumir su responsabilidad, han encontrado en esta situación una nueva oportunidad: financiar el colapso. Todo empieza por redefinir lo innegociable, y por convertir lo vivo en valores de mercado. Lo ves cada día sin darte cuenta:

- Los bosques tropicales se vuelven créditos de carbono.
- Los glaciares se transforman en variables de riesgo climático para aseguradoras.
- El agua potable se cotiza en los mercados de futuros.

Lo llaman «asignación eficiente de recursos», pero tú sabes lo que es: un asalto tecnocrático al alma del mundo. Una conversión forzada del bien común en instrumento de especulación. ¿Y sabes lo peor? Lo hacen con una sonrisa de responsabilidad climática. No están despertando. Están simplemente ratificando el crimen, ahora con nuevas leyes y nuevos inversores.

Titularizar la vida: la nueva burbuja verde

Tú recuerdas lo que pasó en 2008. Las hipotecas basura empaquetadas, vendidas, reempaquetadas. Luego vino el derrumbe. Millones lo perdieron todo. Ahora imagina lo mismo, pero con ecosistemas enteros como garantía. Han empezado a crear estructuras como: Natural Asset Companies, Climate Resilience Bonds o Sustainable Investment Portfolios.

Suenan nobles, pero, en el fondo, se trata de titularizar el derecho a respirar, a beber agua, a vivir. Empaquetan el planeta en derivados, lo venden, lo aseguran, lo rematan.

Y cuando esa burbuja explote, no serán bancos los que colapsen, sino selvas, cuencas, regiones enteras. Tú y los tuyos estaréis pagando los platos rotos de una fiesta a la que no fuisteis invitados.

Lo común, robado y revendido

Si antes robaron el tiempo de tus abuelos en fábricas, ahora quieren robarte la tierra bajo los pies. Van Rijswijk hablaba de «integrar el riesgo climático». Mazzucato proponía «crear mecanismos de inversión verde público-privados». Andersen quería «alinear incentivos». Y tú, que conoces la tierra, sabes que eso significa una sola cosa, poner precio a todo lo que no lo tenía.

El aire, los ciclos del agua, los polinizadores, el canto de los pájaros al amanecer..., todo se vuelve dato, índice, flujo, activo. El último muro de contención —lo común, lo vivo— ha sido derribado por la lógica de mercado. Y tú lo sientes: es una guerra silenciosa contra lo sagrado.

El precio del cinismo

Durante décadas dijeron que no había dinero para proteger la naturaleza. Ahora, de pronto, descubren que la tierra sí vale, pero sólo porque puede producir dividendos.

No es ignorancia. Es estrategia. Ellos siempre supieron cuánto valía, por eso la explotaron sin piedad. Y ahora que el daño es irreversible, han encontrado el modo de sacar rédito de la limpieza.

La estafa es perfecta, tú pagas los impuestos, tú aceptas las restricciones, tú compras productos sostenibles... y ellos, los responsables, capitalizan el declive. Los llaman líderes, pero tú sabes la verdad, no hay regeneración posible si se mantiene la lógica de extracción. No hay justicia sin ruptura.

2.3. Regetarianismo: una ruptura con el modelo que nos tratan de imponer

Aquí es donde tú eliges. Ante todo esto surge el Regetarianismo. No es una dieta, sino una insurrección tranquila contra la financiarización de la vida. Tú no comes sólo para nutrirte. Comes para pertenecer. Para honrar el ciclo. Para decir que no a una civilización que vende el alma del mundo por dividendos trimestrales.

Cada vez que eliges un alimento no procesado, local y vivo estás haciendo una declaración. Cada vez que cultivas tu comida o conoces al productor, estás sacando una hebra del tejido del control.

- La tierra no es un activo. Es una madre.
- El alimento no es un producto. Es un pacto.
- El futuro no es un portafolio. Es una continuidad del espíritu.

Es todo lo que no se debe vender. Porque hay cosas que no deben tener precio. No porque no valgan, sino porque valen demasiado. Tú lo sabes. Lo sientes en la piel cuando pisas la tierra descalzo. Cuando pruebas una fruta recién cosechada. Cuando respiras hondo al amanecer.

Esas experiencias no pueden cotizarse. No son reproducibles. No pueden digitalizarse ni almacenarse en servidores bancarios.

Frente a los movimientos mercantiles del mundo, tú cultivas un huerto. Tú guardas semillas. Tú compartes comida real. Tú defiendes lo vivo, no con armas, sino con coherencia.

Segunda parte

¿QUÉ ES SER REGETARIANO?

El Regetarianismo no es una moda pasajera ni una dieta más en el catálogo infinito de etiquetas nutricionales. Es una filosofía vital que busca restablecer el vínculo entre el ser humano, su cuerpo y la tierra que lo alimenta. En una época en la que comer se ha vuelto un acto automatizado, desconectado y, a menudo, destructivo, ser regetariano significa volver a lo real.

Es elegir con los sentidos despiertos y la conciencia presente. Es priorizar alimentos que conservan su integridad nutricional, su origen reconocible y una historia que no ha sido borrada por la industria. Y es comprender que cada paso en el camino de un alimento —desde el uso del suelo de cultivo hasta tu mesa— tiene un impacto. Y que, aunque ese impacto nunca pueda ser nulo, sí puede ser regenerativo, capaz de devolver más de lo que toma. Es regresar a lo que nuestras abuelas cocinaban, a lo que la tierra ofrece en cada estación, a lo que el cuerpo realmente reconoce como alimento.

Pero el Regetarianismo no se limita a lo nutricional. Su núcleo es regenerar. Va más allá de la sostenibilidad porque no basta con no dañar, es necesario sanar, reparar, devolver fertilidad, biodiversidad y equilibrio allí donde se ha perdido. Esto implica apoyar formas de producción agrícola y ganadera que restauran suelos, respetan ritmos naturales, fomentan ciclos ecológicos completos y recuperan la dignidad de los paisajes.

En estas páginas quiero mostrarte que comer puede ser un acto político, espiritual, biológico y ecológico al mismo tiempo. El Regetarianismo ofrece un mapa nuevo para orientarnos, una manera de alimentarnos que nutre sin explotar, que respeta sin idealizar y que construye salud mientras reconstruye territorios.

Es comprensible que hayas pensado que reducir o eliminar la carne era el camino más ético frente a los horrores del sistema alimentario industrial. La combinación de imágenes de sufrimiento animal, titulares simplificados y narrativas virales ha creado una idea potente. Pero que sea potente no significa que sea precisa.

¿Y si el problema no fuera la carne, sino el modelo que la produce? ¿Y si apartar a los animales de nuestros ecosistemas agrícolas no sólo no resolviera nada, sino que empeorara las dinámicas ecológicas que sostienen la vida?

El Regetarianismo no defiende el consumo indiscriminado de carne, sino el regreso a una relación simbiótica con los animales, una relación en la que su presencia cierra ciclos, regenera suelos y vuelve a integrar nuestra alimentación en los ritmos de la naturaleza. La idea de que la carne es de por sí destructiva se ha transformado en una posverdad, una creencia repetida tantas veces que parece incuestionable. Sin embargo, los datos culturales, ecológicos y fisiológicos muestran una realidad más compleja.

Comencemos por un hecho incómodo, los monocultivos de cereales, legumbres y aceites vegetales también destruyen ecosistemas, erosionan suelos, emiten carbono y reducen la biodiversidad. No existe opción alimentaria sin impacto. Pero sí existen elecciones que regeneran, que trabajan con la naturaleza en lugar de contra ella.

La ganadería holística es un ejemplo. Su diseño imita el comportamiento ancestral de grandes herbívoros salvajes, cuyo movimiento constante, pisoteo, pastoreo y fertilización natural generaban suelos profundos, ricos en carbono y extremadamente biodiversos. Allí donde se aplica esta metodología, el suelo vuelve a respirar, las plantas se recuperan y los ciclos hídricos se restauran.

El Regetarianismo nace de esa visión, de entender que el ser humano no es un espectador de la naturaleza, sino un participante activo en su regeneración. Que nuestra alimentación no es un acto aislado, sino una fuerza que guía el destino de los ecosistemas. Que el alimento es energía, cultura, memoria y territorio.

Comer puede destruir. Pero también puede sanar. Y ése es, en esencia, el propósito del Regetarianismo, reconstruir el puente entre la vida humana y la vida de la Tierra.

¿Sabías que existe una sinergia entre aves predadoras y control de plagas?

Durante gran parte del siglo XX, la agricultura moderna se basó en un principio simple y destructivo: eliminar lo que molesta. Los insectos, los roedores y hasta las aves fueron vistos como enemigos del rendimiento, y los campos se llenaron de pesticidas, rodenticidas y biocidas que envenenaron el suelo, el agua y la cadena alimentaria. Pero la naturaleza nunca opera desde la eliminación, sino desde la relación. Allí donde el modelo químico destruye, los ecosistemas regenerativos enseñan a integrar. Una de las estrategias más efectivas y elegantes es el uso de depredadores naturales para el control biológico de plagas, una técnica que está devolviendo a las rapaces su papel ancestral en el equilibrio del paisaje agrícola.

Control biológico: la solución alada

- **El problema: plagas devastadoras.** Los métodos tradicionales con rodenticidas químicos eran ineficientes, caros y dañinos para el medio ambiente.

- **La solución: nidos estratégicos.** Se ofrecieron sitios de anidación para depredadores naturales como la lechuza común y el cernícalo vulgar en paisajes agrícolas.
- **El resultado: un éxito de más del 90 por ciento.** Las aves adaptaron su presencia a la población de roedores, demostrando una alta efectividad del método.
- **Doble beneficio: control y conservación.** Este sistema no sólo es una alternativa económica y ecológica, sino que también ayuda a poblaciones de aves en declive, como la lechuza común.

En lugar de dispersar venenos, los agricultores instalan cajas nido y perchas que atraen aves como halcones, búhos o cernícalos, auténticos aliados del ecosistema. Estas especies cazan roedores, insectos y pequeñas aves granívoras que pueden dañar cultivos, reduciendo así de forma natural la necesidad de pesticidas. Estudios realizados en California, España o Israel han demostrado que una sola pareja de lechuzas puede eliminar miles de ratones al año, mientras que los halcones mantienen bajo control las poblaciones de gorriones e insectos en frutales y viñedos. Además, la presencia de estos depredadores estimula la diversidad trófica: mejora el control de plagas sin alterar el suelo ni afectar polinizadores, que suelen morir bajo el impacto químico de los pesticidas.[12, 13, 14]

12. Johnson, Matthew D., *et al.*, «Can barn owls help control rodents in winegrape vineyard landscapes? A review of key questions and suggested next steps», *Proceedings of the Vertebrate Pest Conference*, 28, 28 (2018).

13. Dirección General de Medio Ambiente, «Nest boxes for raptors in Natura 2000 farmland: demonstrating the biological control of the common vole in Spain», Comisión Europea, 14 de marzo de 2024, <https://environment.ec.europa.eu/news/nest-boxes-raptors-natura-2000-farmland-demonstrating-biological-control-common-vole-spain-2024-03-14_en>.

14. Ministerio de Protección Medioambiental de Israel, «Israel en-

El beneficio no es sólo ambiental, sino también económico. La reducción en el uso de biocidas disminuye los costes de producción, mejora la salud de los trabajadores y aumenta el valor nutricional y simbólico de los alimentos, libres de residuos tóxicos. Las aves rapaces, lejos de ser un adorno del cielo, son ingenieras ecológicas que restauran las cadenas naturales de control y devuelven al agricultor su papel de mediador entre la Tierra y la vida. Esta forma de gestión, basada en la observación y no en la imposición, representa el paso de la agricultura industrial a la agricultura relacional, en la que el conocimiento reemplaza a la química y el respeto sustituye al veneno.

Al atraer a los depredadores en lugar de exterminarlos, el agricultor se convierte en parte del ciclo ecológico en lugar de ser su enemigo. Es un cambio de paradigma: dejar de ver la naturaleza como algo que debe ser controlado y empezar a verla como un sistema de inteligencia compartida. La regeneración comienza cuando comprendemos que cada ser, desde el ratón hasta el halcón, tiene una función en el equilibrio del todo. Recuperar ese principio no sólo protege los cultivos: protege la vida misma.

Además, eliminar la carne de tu dieta no tiene fisiológicamente un resultado neutro. Durante millones de años, evolucionaste como omnívoro, e incluso podría ser ampliamente debatible si el humano es un carnívoro facultativo, adaptado al consumo de tejidos animales ricos en proteínas, grasas, hierro hemo, vitaminas liposolubles y compuestos esenciales de alta biodisponibilidad. La carne no es un lujo moderno; es una parte central de tu biología. Negarlo por motivos ideológicos puede derivar en deficiencias nutricionales graves, especialmente en niños, mujeres embarazadas o personas mayores.

---

vironment bulletin», Ministerio de Protección Medioambiental de Israel, 35, (2009), <https://tinshamot.co.il/wp-content/uploads/2022/06/2009-Barn-owls-and-kestrels-Biological-pest-control-agents.pdf>.

El Regetarianismo es una propuesta de reconciliación radical. Y cuando digo radical lo hago en un sentido profundo y real. Es decir, desde la raíz. Es volver a ver al animal no como mera mercancía, ni como un símbolo de culpa, sino como un aliado ecológico y fuente de alimento sagrado. Es entender que la muerte es parte de la vida, y que honrar esa verdad te permite participar en ciclos que sanan en lugar de destruir.

El sistema alimentario industrial ha convertido a los animales en engranajes de una maquinaria cruel e ineficiente. Y yo he sido el primero en comprar ese discurso. Pero quiero matizártelo dejando claro que la solución no pasa por suprimir a dichos animales de nuestros campos, sino por devolverles su papel preponderante. Un pasto manejado con inteligencia puede convertirse en una bomba de carbono negativo, una red de micorrizas, insectos, aves, mamíferos y vida bacteriana. Allí, el estiércol no es un «sucio» desecho, sino el ejemplo más claro de medicina del suelo. Allí, la carne no es un sentimiento de culpa, sino la consecuencia lógica de un ecosistema en equilibrio.

En muchas culturas ancestrales, el sacrificio del animal era un acto de gratitud, de conexión, de conciencia plena. Comer era un ritual. Hoy comes deprisa, distraído y alienado. El Regetarianismo es una llamada a recuperar la presencia en el acto de alimentarte. A conocer el origen de cada alimento. A cocinar con respeto. A mirar a los ojos al productor, al animal, a la tierra.

Hay quienes dicen que el futuro debe ser *plant-based*, pero yo te digo que es regetariano. Un futuro que se base en la vida en todas sus formas, reconociendo la interdependencia que une al pasto, al sol, al microbio, al animal y al ser humano en una danza *ancestral*. Lo sé, esa palabra tan señalada con la que tratan de ridiculizarnos es la que la agricultura regenerativa busca restaurar.

Este libro no intenta imponerte un dogma. Busca abrir una conversación honesta, informada y vital. Quiero revisar contigo las evidencias, desafiar prejuicios, contarte historias de granjas vivas y personas que han encontrado salud al reconectar con la tierra. Quiero mostrarte que es posible alimentarte de manera deliciosa, nutritiva y regenerativa. Que no se trata de elegir entre ética y placer, entre salud y sabor, entre ecología y abundancia.

El Regetarianismo es una respuesta al colapso: al colapso de los suelos, al colapso metabólico y al colapso cultural. Es una propuesta para cultivar vida desde el plato hacia fuera. Para sanar tu cuerpo y el paisaje al mismo tiempo. Para dejar de pelear con la naturaleza y empezar a imitarla. Integrar este Regetarianismo en nuestro estilo de vida moderno puede ser un poco complicado, sobre todo para aquellos que viven en grandes ciudades, pero es una cuestión de responsabilidad. Por eso en estas páginas haré especial hincapié en el Regetarianismo urbano. Voy a desmentirte los mitos más repetidos sobre sostenibilidad urbana, desmontar el discurso *plant-based* industrial y a darte herramientas concretas para practicar el Regetarianismo aunque no tengas tierra, huerto ni contacto directo con el campo.

Y déjame decirte algo. Desde el corazón. Cuando comprendes que el alimento no es un producto, sino un proceso. Cuando miras a la vaca como un jardinero sobre sus patas y pezuñas, al gallinero como un sistema de reciclaje biológico, al estiércol como oro marrón... entonces el mundo cambia.

Este libro nace como una invitación. No a seguir reglas rígidas, sino a abrir preguntas. Muchas preguntas. A recuperar tu espíritu de curiosidad. A no tener que elegir entre el corazón y el conocimiento, sino a aunar los dos. A volver a mirar el plato como un territorio, tu cuerpo como un ecosistema y la alimentación como un puente entre ellos.

3

El manifiesto regetariano

Como ya he mencionado antes, el Regetarianismo es una filosofía alimentaria que representa mucho más que una simple elección dietética; es un compromiso con un estilo de vida consciente y respetuoso tanto con nuestro cuerpo como con el planeta.

3.1. Comida real como punto de partida

Nada de atajos. Comer siguiendo el Regetarianismo empieza por elegir comida de verdad, alimentos que reconoces, que tienen historia, que no vienen disfrazados: carne, huevos, raíces, frutas de temporada, grasa animal... Todo lo que tu bisabuela reconocería como comida.

Tus antepasados no necesitaban contar calorías ni debatir si un alimento era «bueno» o «malo». Sabían comer. No porque tuvieran estudios ni etiquetas, sino porque estaban conectados con la tierra, con los ciclos, con el hambre real. Comían lo que había: animales, frutas silvestres, raíces, leche cruda, manteca fermentada. Todo con un respeto visceral por el alimento, porque sabían que de él dependía la vida.

Miles de generaciones antes que la tuya, tanto cazadores-recolectores como agricultores o artesanos urbanos, dejaron un legado de sabiduría alimentaria que hemos ido despreciando, ignorando y olvidando. Hoy, rodeados de abundancia y comodidad, estamos más desorientados que nunca. Hemos perdido el instinto. Nos obsesionan los sabores falsos, el dopaje de glutamato, la variedad infinita, lo inmediato. Ojo, estoy seguro de que me darás la razón, sentimos una inquietud que no se va: algo en nuestro interior sabe que así no es como deberíamos comer.

Has nacido en la era de los experimentos alimentarios más destructivos de la historia. Azúcares refinados, aceites de semillas, sabores artificiales, adicción programada. Te han vendido comida barata y atractiva que nos ha dirigido hacia una salud devastada y un vacío existencial. No sabemos en qué alimentos podemos confiar, pero algo está despertando. El interés por lo local, lo estacional, lo regenerativo, por la comida con arraigo, está creciendo. Sin darnos cuenta, estamos recordando lo que ya sabíamos y que nunca deberíamos haber dejado de saber, que comer es un acto sagrado.

No juegues con la comida

No necesitamos reinventar la rueda, lo que necesitamos es dejar de estropear lo que ya funcionaba, volver a los ingredientes que no han sido arruinados por el procesado industrial. Tus ancestros comían alimentos simples, carne y grasa de animales locales, leche cruda, verduras fermentadas, cereales germinados. No tenían miedo a la grasa. No necesitaban «leches vegetales» ni azúcares con nombres raros. Todo era local, de temporada, orgánico por defecto. La comida tenía sentido.

Aprendieron a cocinar, fermentar, salar y secar. Respetaban el hambre y la saciedad. No desperdiciaban nada. Cada parte de un animal tenía un uso. Cada alimento tenía una historia. No necesitaban leer etiquetas, conocían al productor. Comían con los ciclos, con la familia, con el cuerpo. Comer no era consumo; era continuidad.

Recupera la relación con quienes te alimentan. Los supermercados han reemplazado al campesino. La bandeja de plástico ha borrado la historia del animal. Pero tú puedes cambiar eso. Puedes volver a mirar a los ojos del que produce tu carne, tus huevos, tus verduras. Puedes pagar por calidad y por respeto. Puedes comprar menos, pero mejor. Puedes volver a tener una relación con la tierra, aunque vivas en una ciudad. Ve al mercado. Conoce a tus agricultores. Haz preguntas. Da las gracias.

Porque durante demasiadas décadas, la agricultura se ha rendido al modelo industrial, con monocultivos, pesticidas, subvenciones, químicos, deuda y dependencia. Todo contra natura. Pero hay otro camino. Y ese camino se activa cuando eliges. Cuando apoyas al que regenera en vez del que destruye. Cuando compras con conciencia. Tus decisiones valen más que un eslogan.

Come como tus ancestros. Cuando eliges comida real, de verdad real, pasa algo curioso: dejas de picar entre horas, recuperas el sabor, tu cuerpo se sacia antes, tu paladar se reeduca. Ya no necesitas el falso dulzor ni el exceso de sal, porque tu cuerpo reconoce lo bueno, lo recuerda, porque lo lleva en la sangre. Comer carne con grasa, verduras fermentadas, leche de verdad, caldos o huevos de yema intensa..., eso es lo que te repara. Eso es lo que te reconstruye.

Y sí, comer bien lleva su tiempo, pero te devuelve la vida. Cocinar deja de ser un engorro para ser un ritual. Compartir deja de ser rutina para ser todo un acto de amor. Te sientes vivo. Energizado. Nutrido de verdad. Y entiendes que comer bien no es moda, es soberanía. Es volver a ti. Y te lo voy a demostrar en las siguientes líneas.

Come como un humano. Es lo que eres. Es lo que has sido siempre. Y es lo que necesitas volver a ser.

Alimentos reales, puentes y comestibles de supervivencia

Estamos sobrealimentados, pero desnutridos. Hay una diferencia que casi nadie te ha contado. No es entre «saludable» y «ultraprocesado», ni siquiera entre «natural» y «químico». Es algo más profundo, más antiguo, algo que tu cuerpo aún recuerda, aunque el supermercado se haya encargado de que lo olvides, no todo lo que se puede comer es un alimento. Hay cosas que llenan el estómago, que mantienen el cuerpo en pie, pero sin encenderlo. Comestibles que sostienen la vida biológica, pero apagan la vitalidad. Comer no es lo mismo que nutrirse.

Lo notas al despertar, tras comer, o al terminar la cena. Sigues las reglas del paradigma moderno: ensalada, legumbres, arroz, fruta de postre, agua, nada de grasa. «Saludable», según las guías oficiales. Sin embargo, algo falla. Te levantas sin energía, la digestión pesa, la mente se nubla. Tu cuerpo ha hecho lo posible con lo que recibió, pero eso no es salud. Es supervivencia. En cambio, un día comes un filete de carne de pasto, un par de huevos con yema intensa, algo de hígado, un caldo con huesos y sal sin refinar. De pronto, algo se enciende. Una claridad antigua. La piel reacciona, los pensamientos se ordenan, la energía deja de ser un pico de azúcar, se convierte en fuego interno. Ahí está la diferencia.

Después de años observando cuerpos, culturas y síntomas, es posible resumirlo en tres niveles de alimento: los alimentos reales, los puentes y los comestibles de supervivencia. Los primeros optimizan la vida, los segundos acompañan, los últimos la sostienen sin elevarla.

Los alimentos reales son los que construyen la especie: carne, pescado, mariscos, huevos, vísceras y grasa natural. Lo que cazábamos, pescábamos o recolectábamos. Son los únicos que pueden mantener la estructura, regenerar tejidos, dar fertilidad y claridad. En ellos están el colágeno, el hierro hemo, la carnosina, la carnitina, los ácidos grasos esenciales y la vitamina B12. Alimentan la maquinaria mitocondrial y la integridad del sistema nervioso. Son los que hacen que el cuerpo funcione como fue diseñado, con fuerza, calma y lucidez.

Entre ellos y los vegetales está el terreno de los puentes, los alimentos que nutren, pero no son esenciales. La fruta real, la miel sin adulterar, los lácteos bien tolerados. Son agradables, útiles y simbólicamente dulces. No construyen, pero acompañan. Su valor depende del contexto metabólico. En un cuerpo sano, son aliados, en un cuerpo inflamado o resistente a la insulina, pueden ser freno. La fruta moderna, por ejemplo, poco tiene que ver con la que nuestros ancestros comían. Ha sido modificada para ser más grande, más dulce, más blanda. Lo que antes era medicina estacional, hoy, en organismos colapsados, es una dosis innecesaria de fructosa envuelta en marketing tropical.

Y luego están los comestibles de supervivencia, los que llenan sin nutrir. Son las harinas, los cereales, las legumbres, los tubérculos o las hortalizas. Alimentos que, durante miles de años, se usaron cuando no había otra cosa. Su función fue evitar el hambre, no generar salud. Son soluciones evolutivas a la escasez. Pueden sostener la vida, pero no optimizarla. Y, sin embargo, los hemos convertido en base de nuestra dieta diaria.

Hoy el mundo moderno sobrevive con el plan B de nuestros antepasados, y el resultado se ve, inflamación, fatiga, infertilidad, ansiedad, desconexión. Sobrevivir no basta. Llenar el plato no es alimentar la vida. Nos hemos dejado seducir por el mito de que «todo vegetal es bueno» y «todo animal es malo», olvidando que la célula humana no distingue ideologías. Tu mitocondria no entiende de etiquetas ni tendencias. Sólo reconoce densidad energética y coherencia biológica. No es una cruzada contra la patata o el tomate, sino un recordatorio de jerarquía. La harina puede mantenerte vivo, pero la carne te transforma. El arroz puede sostenerte, pero el marisco te enciende. Las legumbres pueden llenarte, pero el huevo te repara.

La evolución no se equivocó. Nos diseñó para prosperar, no sólo para sobrevivir. Comer de verdad no requiere contar calorías ni leer etiquetas. Requiere escuchar al cuerpo. Los alimentos reales se reconocen con los sentidos, huelen a vida, no a fábrica, tienen textura, no código de barras. Son los que podrías preparar tú mismo, los que tienen historia y no fecha de caducidad.

Volver a la raíz no significa nostalgia, sino inteligencia biológica. Elegir carne, pescado, huevos o caldos no es un capricho, es una manera de devolver al cuerpo la información que perdió. La comida real no necesita ser medida, necesita ser comprendida. Honrar la carne es respetar el ciclo natural, comer pescado o huevo es reconectar con el origen, acompañar con fruta o lácteos auténticos es recordar la abundancia cuando existe, y sí, también se puede usar lo vegetal con gratitud, pero sin olvidar que fue el recurso de emergencia.

3.2. Animales bien tratados, cuerpos bien nutridos

El respeto comienza en el campo, mucho antes de que un alimento llegue a tu plato. Cuando decides comer carne, no sólo eliges un producto: eliges un modelo de relación con la vida. La diferencia entre un animal criado en una macrogranja y uno que ha pastado libremente es abismal, no sólo en lo ético, también en lo nutricional y en lo ecológico.

Un animal que ha vivido de pie sobre la tierra, que ha comido hierba, que ha seguido el ritmo de las estaciones y respirado aire limpio, ofrece un alimento radicalmente distinto al de aquel que ha pasado su vida hacinado, alimentado con piensos industriales y medicado para sobrevivir. No es lo mismo comer carne que comer la historia vital de ese animal.

El pastoreo, tan denostado por quienes promueven un modelo de monocultivo vegetal, es en realidad una de las herramientas más poderosas de regeneración. Allí donde pasta un rebaño de rumiantes de manera bien gestionada, la hierba vuelve a crecer más fuerte, el suelo se enriquece, se captura carbono y se multiplica la biodiversidad. Los pájaros regresan, los insectos prosperan, los ciclos de agua se restauran. Comer carne de pasto es, por tanto, una forma de cuidar los ecosistemas y no de destruirlos.

Además, esa carne lleva en sí misma la huella de ese proceso: contiene más omega 3, más antioxidantes, más vitaminas liposolubles, y una composición biológica más coherente y acorde con lo que tu cuerpo necesita. Un cuerpo nutrido con animales bien tratados no sólo recibe proteínas y grasas: recibe información biológica de calidad, señales de un entorno en equilibrio.

La salud empieza por el suelo. Si el suelo está vivo, los animales están sanos. Si los animales están sanos, los humanos que los comemos también lo estamos. Esa cadena no puede romperse sin consecuencias, suelos muertos generan plantas pobres, animales enfermos y personas debilitadas. Por eso, el Regetarianismo insiste en cerrar los ciclos, en mirar la vida de frente, en asumir que el respeto verdadero no está en negar la carne, sino en honrarla desde su origen.

3.3. Regenerar en lugar de sostener

No basta con «no hacer daño». Esa consigna mínima, que tantas veces se esconde bajo la palabra *sostenibilidad*, se ha convertido en un techo demasiado bajo para el desafío que tenemos delante. Ser sostenible significa, en la práctica, mantener el estado actual de las cosas. Pero ¿qué pasa cuando lo actual está roto, destruido? ¿Qué sentido tiene sostener un sistema enfermo, un suelo agotado, un mar lleno de plásticos, una sociedad desconectada de su alimento?

El Regetarianismo nace de otra visión. No busca simplemente frenar la destrucción, sino invertirla. Allí donde hubo erosión, quiere devolver fertilidad. Donde hubo monocultivo, quiere devolver diversidad. Donde hubo hambre y cuerpos debilitados por dietas industriales, quiere devolver fuerza, vitalidad y salud real.

Cada elección alimentaria se convierte así en un acto político y ecológico. No es lo mismo comprar una bebida vegetal envasada, fabricada con monocultivos lejanos, que apoyar a un ganadero local que regenera pastos con su rebaño. No es lo mismo optar por una «hamburguesa vegana» de laboratorio que aprovechar cada parte de un animal criado en libertad, cerrando ciclos y evitando desperdicios. No se trata de sostener un modelo insostenible, sino de regenerar un modelo vivo.

Regenerar significa mirar al futuro con generosidad. Significa dejar a nuestros hijos un suelo más fértil que el que recibimos, un agua más limpia, una cultura alimentaria más sabia. Significa comprender que cada bocado puede ser una semilla: o una semilla de degradación, o una semilla de vida.

El Regetarianismo es esa apuesta: reconstruir el tejido vivo del planeta a través de lo más cotidiano y humano que tenemos, la comida. Nuestra comida. No con discursos huecos, sino con actos día tras día, plato tras plato. Y recordando que el acto de comer no es un acto neutral: o destruye, o regenera.

3.4. Diversidad, no monocultivo

La biodiversidad no es un lujo, es, te guste o no, una póliza de vida. La naturaleza jamás apostó todo a una sola carta, sino que juega siempre con la multiplicidad, con la redundancia, con la danza de miles de especies que se sostienen mutuamente. En cambio, la agricultura industrial se empeña en uniformar, en reducirlo todo a unas pocas semillas patentadas, a unos pocos animales seleccionados por su productividad y no por su resiliencia. Ese empobrecimiento no sólo afecta a los ecosistemas, también nos empobrece a nosotros como especie.

Comer de forma diversa es un acto de resistencia. No se trata sólo de variar el plato por salud, sino de apoyar con cada elección sistemas agrícolas que mantienen la riqueza genética y cultural de los pueblos. Al elegir un queso elaborado con leche de una raza autóctona, estás preservando un linaje animal y un conocimiento humano transmitido durante siglos. Al preferir un tomate de temporada frente a una variedad industrial que viaja miles de kilómetros, estás sosteniendo una red de sabores, nutrientes y pastores, agricultores y ganaderos que resisten la homogeneización global.

La diversidad no es sólo biológica: también es cultural y lingüística. Cada semilla ancestral lleva dentro una historia, cada receta tradicional es una biblioteca de adaptaciones a climas, suelos y estaciones. Cuando esa diversidad se pierde, lo que desaparece no es únicamente una planta o un animal, sino una forma de entender el mundo, un vocabulario de la vida.

El colapso empieza donde hay demasiada uniformidad. Un suelo sembrado siempre con lo mismo se agota, una dieta repetida una y otra vez enferma, una cultura alimentaria reducida a productos industriales termina vacía.

3.5. Huella ligera, conciencia pesada

Cada elección alimentaria deja rastro. No existe el acto neutro a la hora de comer: siempre hay un suelo que se trabaja, un agua que se usa, un animal o una planta que se transforma. Pretender que podemos alimentarnos «sin huella» es una ilusión infantil vendida por el marketing verde. La cuestión no es evitar el impacto, sino asumirlo con lucidez y aprender a elegir qué tipo de huella queremos dejar.

Comer local, por ejemplo, no sólo reduce las emisiones que genera el transporte: te reconecta con el ciclo de tu tierra y con los productores que la trabajan. Reducir residuos no significa vivir en la abstinencia del placer, sino entender que cada envase innecesario es un símbolo de desconexión con el origen. Cocinar más no es un gesto doméstico irrelevante: es recuperar soberanía, saber qué ingredientes entran en tu cuerpo y cuáles no.

La culpa al animal, tan explotada por los discursos dominantes, paraliza. Se nos dice que comer carne nos condena, que disfrutar de ciertos alimentos nos convierte en destructores del planeta. Pero la culpa no cambia nada: sólo genera pasividad y consumo de sustitutos. La responsabilidad, en cambio, transforma. Saber que cada bocado tiene consecuencias y, aun así, elegir bien, con criterio y sin victimismo, es la base de una verdadera ética alimentaria. Huella ligera, conciencia pesada, ésa es la ecuación regetariana.

3.6. Lo cercano primero

A veces me pregunto qué será de Tino, una biblioteca del campo andante con la que tuve el placer de hablar y aprender hace ya casi doce años. Él me decía que detrás de cada tomate hay una historia. Puede ser la de un agricultor que madruga para recogerlo en el punto exacto de maduración, que conoce la tierra y la respeta porque sabe que sin ella no hay futuro. O puede ser la historia de una cadena anónima de monocultivos, pesticidas y camiones frigoríficos que recorren miles de kilómetros para entregarte un fruto sin sabor ni memoria.

El Regetarianismo lo tiene claro: si puedes, que la historia de lo que comes sea la de tu comarca. Elegir lo cercano no es un gesto romántico, es una estrategia de supervivencia. Al apoyar al productor pequeño, sostienes la diversidad agrícola, mantienes vivas variedades locales y evitas la extinción de razas y semillas que no interesan a la agroindustria. Además, reduces la dependencia de cadenas logísticas frágiles, que pueden colapsar con cualquier crisis energética o política.

Comer local es resiliencia en estado puro. Cuando compras a alguien que conoces, no adquieres sólo alimento: adquieres confianza. Sabes de dónde viene lo que entra en tu cuerpo, sabes quién lo ha cultivado o criado, sabes que hay manos humanas detrás y no sólo códigos de barras. Ese vínculo devuelve dignidad tanto al productor como al consumidor. Dejas de ser «cliente» para volver a ser comunidad.

Lo cercano también enseña a respetar el ritmo de las estaciones. El tomate sabe a verano porque se cría con sol, no porque viaje en enero desde el otro hemisferio. La fresa es un regalo de primavera, no un capricho disponible todo el año. Comer local significa reconciliarse con la espera, redescubrir la abundancia de cada estación y aceptar que no todo está siempre disponible, porque así funciona la vida real.

El Regetarianismo apuesta por lo cercano no sólo como economía, sino como cultura. Cada mercado local es una biblioteca de saberes, cada ganadero, agricultor o productor una memoria viva, y cada bocado debe ser interpretado como un recordatorio de que —de nuevo— no hay nada más revolucionario que conocer por su nombre a quien alimenta tu mesa.

3.7. Saber para elegir

Nadie nace sabiendo leer etiquetas. Nadie viene al mundo conociendo la diferencia entre un yogur fermentado de forma tradicional y un postre lácteo ultraprocesado cargado de espesantes y aromas artificiales. Pero todos, absolutamente todos, deberíamos tener las herramientas para distinguir dónde empieza y dónde acaba un alimento.

El conocimiento no es algo reservado a nutricionistas o expertos. Es la base de la soberanía alimentaria. Saber elegir significa recuperar el control que la industria quiere arrebatarte. Porque cuando no entiendes lo que compras, alguien más decide por ti. Lo suelo decir en charlas y en momentos de divulgación. Si no estás informado, un algoritmo de marketing, un comité de innovación de algún supermercado o una campaña publicitaria que disfraza jarabe de glucosa bajo veinte nombres distintos está tomando una decisión por ti, y haciéndote creer que es tuya.

El Regetarianismo propone volver a lo simple, pero con

conciencia. No se trata de acumular tecnicismos, sino de desarrollar una mirada crítica. Preguntarte: ¿esto es comida o es un producto? ¿Qué historia hay detrás de este envase? ¿Qué pierde mi cuerpo y qué gana la industria si lo consumo? La respuesta no siempre es evidente y ahí entra en juego la educación: leer, contrastar, preguntar, desaprender lo que nos vendieron como «normal».

Elegir bien no es elitista, es transformador. Saber que la manteca de vaca de pasto es más estable y nutritiva que un aceite refinado importado no es un lujo de *gourmet*, es una apuesta de salud pública. Reconocer que un huevo de gallina criada en libertad no tiene el mismo valor que uno de jaula no es sofisticación, es sentido común. Y ese sentido común sólo florece cuando se cultiva conocimiento.

3.8. Comer como forma de autocuidado

No hay cuerpo sano sin comida que lo honre. Nos encontramos en una época en la que se nos invita a desconectar del cuerpo —a verlo como un simple vehículo o un obstáculo para la productividad—, el Regetarianismo pretende recordar lo obvio: cuidarte empieza con aquello que pones en tu plato.

Comer no es sólo llenar el estómago ni alcanzar un número en la báscula. Es algo parecido a un diálogo con tu organismo. Cada bocado de un lomo madurado envía señales a tu metabolismo, a tus hormonas, a tu microbioma. Lo que ingieres influye en tu energía diaria, en tu capacidad de concentración, en tu estado de ánimo. La alimentación regetariana no se centra en la restricción ni en la obsesión calórica, sino en recuperar la comida como fuente de vitalidad real.

Vitalidad para moverte ligero y fuerte. Claridad mental

para pensar sin niebla mental ni agotamiento. Equilibrio hormonal para que tu cuerpo no sea un campo de batalla de inflamación y desregulación. Una piel viva que hable de salud desde dentro. Una digestión plena que no robe energía sino que la libere. Ése es el horizonte, un cuerpo que no se arrastra, sino que se expande.

Comer bien, en este sentido, no es un lujo ni un capricho, es una forma de autocuidado profundo. Igual que entrenar, descansar o meditar. No hay verdadero cuidado personal si lo que comes te intoxica o te debilita. Y no hay verdadero desarrollo espiritual si ignoras el templo que habitas.

El Regetarianismo coloca la comida en el centro del autocuidado porque sabe que no hay vida plena sin un cuerpo nutrido. No es ascetismo ni hedonismo, es equilibrio. Es decirle a tu cuerpo: «Te respeto, te escucho y quiero que florezcas». Cada plato puede ser un castigo o un acto de amor propio. El camino regetariano elige lo segundo.

3.9. Comer en tiempo: crononutrición y sazón

La comida tiene horas, y la tierra tiene estaciones. El cuerpo humano no es un mecanismo lineal y cerrado, en absoluto. Tampoco es un depósito de calorías o energía sin reloj. Es un sistema vivo sincronizado con la luz del sol, con la temperatura ambiental y con la abundancia o escasez que marca cada estación. Por eso no es lo mismo comer al mediodía que hacerlo una vez que la luz solar se ha ocultado. No es lo mismo alimentarse de sandía en enero como si fuese agosto. El Regetarianismo honra estos ciclos porque sabe que la salud también depende del cuándo y el dónde, no sólo del qué.

La crononutrición nos recuerda que los ritmos circadianos gobiernan la digestión, la secreción de hormonas, la sensibilidad a la insulina, la liberación de enzimas y hasta la forma en la que metabolizamos grasas o carbohidratos. Comer tarde en la noche, bajo luz artificial, no tiene el mismo efecto que hacerlo con el sol en lo alto. Igual que ayunar durante las horas sin luz conecta con la fisiología ancestral de descanso y reparación. No se trata de reglas rígidas, sino de volver a escuchar la señal del reloj biológico.

Pero el tiempo no sólo es horario, también es estacional. El tomate sabe distinto en julio porque el sol de verano imprime en él una firma biológica que tu cuerpo reconoce. Y lo mismo ocurre con las cerezas, los higos, las calabazas o las castañas. Cada alimento es un mensaje del ecosistema y del fotoperíodo en que nace. Comer de temporada no es una moda ecológica, es la manera natural en la que el ser humano evolucionó, consumiendo lo que estaba disponible, cuando estaba disponible. Y esa coherencia se traduce en antioxidantes más activos, en nutrientes mejor aprovechados, en una conexión metabólica con el entorno.

Honrar los ciclos es aceptar la sazón, la espera y el ritmo. Es entender que hay momentos para lo dulce y momentos para lo graso, que el invierno pide raíces y caldos mientras el verano ofrece frutas jugosas y frescura. Es recuperar la sabiduría que los supermercados 24/7 han querido borrar, que no todo está siempre disponible, y que esa limitación no es pobreza, sino abundancia ordenada por la naturaleza.

3.10. Volver a pertenecer

Como ya he mencionado, comer no es sólo nutrirse, es volver a formar parte. Cada bocado puede ser un recordatorio de que no estamos solos, de que pertenecemos a algo más grande que nosotros, a la tribu que comparte mesa, al paisaje que nos da alimento, a los ritmos biológicos que marcan el pulso de nuestra existencia.

El Regetarianismo no es una dieta. No se mide en calorías ni se encierra en tablas rígidas. Es un camino de reconciliación con el cuerpo, con la tierra y con la comunidad. Comer se convierte en un acto de memoria y de futuro, en un gesto de humildad y de poder a la vez. Memoria, porque cada alimento lleva inscrita la historia de generaciones que lo cultivaron o criaron antes que nosotros. Futuro, porque cada elección alimentaria dibuja el mundo que heredarán quienes vengan después.

Pertenecer significa también recuperar la mesa compartida. En tiempos de individualismo y comidas solitarias frente a pantallas, cocinar y comer en comunidad es un acto revolucionario. La tribu no es una nostalgia del pasado, es una necesidad presente, la comida que se comparte se digiere mejor, nutre más, fortalece vínculos.

Volver a pertenecer es reconocer que la salud no es sólo personal, sino colectiva y ecológica. No sirve de nada un cuerpo musculado en un planeta enfermo, ni un menú «perfecto» si la cultura que lo rodea se desmorona. El Regetarianismo invita a recordar que no estamos al margen de la naturaleza ni de los otros, estamos tejidos en la misma red.

Comer deja entonces de ser un acto automático para convertirse en un ritual de reencuentro. Cada plato es una oportunidad de volver a conectar con el suelo, el sol, la estación o el grupo. Una oportunidad para mirar alrededor y decir «aquí pertenezco».

4

El marketing de la sostenibilidad: cuando lo verde es puro cartón

En las últimas décadas, la palabra *sostenibilidad* ha sido secuestrada por las industrias que más daño hacen al planeta. Hoy, basta con que un producto tenga una hoja verde dibujada o una etiqueta marrón reciclada para que lo percibamos como ecológico. Sin embargo, la realidad que se esconde tras esos envoltorios verdes muchas veces contradice esa promesa. El marketing de la sostenibilidad se ha convertido en un lavado de imagen masivo, que busca aplacar conciencias en lugar de transformar sistemas.

La paradoja es evidente, compramos una bebida de almendra en un envase de plástico de multicapas, producida con agua de regadío en zonas desérticas de California, procesada industrialmente y transportada miles de kilómetros, pero sentimos que estamos haciendo algo bueno por el planeta. ¿Por qué? Porque lo dice la etiqueta. El problema no es sólo ético, sino estructural. La mayoría de los productos vegetales procesados que se venden como «eco» o *plant-based* no tienen un análisis de ciclo de vida favorable si se comparan con sus versiones animales locales y regenerativas. Y, por desgracia, eso no se comunica. Los consumidores urbanos están siendo víctimas de una campaña de confusión masiva, en la que la estética sustituye a la información.

Por ejemplo, muchas marcas de *snacks plant-based* envasan sus productos en plásticos no reciclables, usan ingredientes como aceite de palma o proteína de soja proveniente de monocultivos, y compensan su huella de carbono con «bonos verdes» de dudosa eficacia. Pero basta con que usen palabras como *natural*, *veggie*, *cruelty free* o *neutro en carbono* para parecer virtuosos.

Y aquí entra otro punto clave, la regulación. La mayoría de estos términos no están estandarizados ni fiscalizados. Cualquiera puede autodenominar su producto como «sostenible» sin necesidad de demostrarlo. Las etiquetas ecológicas oficiales, cuando existen, muchas veces se centran en criterios mínimos (como la ausencia de pesticidas químicos) pero no miden el transporte, el envasado, el nivel de procesamiento o la densidad nutricional.

El Regetarianismo exige una alfabetización ecológica real. Implica mirar más allá de la etiqueta y preguntarse, ¿de dónde viene esto?, ¿cómo se produjo?, ¿cuánta energía consumió?, ¿a quién beneficia esta cadena?, ¿de qué está hecho este envase?, ¿a qué sustituye realmente este producto?

Sólo cuando entendemos la lógica del *green washing* podemos romper con ella. Y eso empieza por reconocer que el supermercado no es neutral, es un escenario de manipulación sensorial y narrativa. Allí todo está diseñado para que compres lo que no necesitas, creas lo que no es, y votes con tu dinero por un modelo que se disfraza de verde, pero es tan extractivo como siempre.

La comida verdaderamente sostenible no necesita gritarlo. Se reconoce por su sabor, por su origen, por su lógica circular. Por el hecho de que no necesita camiones frigoríficos ni campañas de *influencers*. La sostenibilidad real es silenciosa, local, robusta.

Desmontar el marketing que se esconde tras etiquetas de falsa sostenibilidad es el primer paso para practicar un consumo realista. Y, en el fondo, es también un acto de madurez cultural, porque supone dejar de creer en los cuentos que nos venden y empezar a escribir nuestro propio discurso alimentario desde la evidencia, el cuerpo y el territorio.

4.1. Regetarianismo urbano: qué hacer si vives en la ciudad

Vivir en la ciudad puede parecer una condena al desarraigo. Ruidos, pantallas, ritmos artificiales, alimentos sin historia ni suelo. Sin embargo, también puede ser una oportunidad: la oportunidad de cuestionar lo que damos por hecho, de buscar alternativas, de volver a enlazarnos con lo real, incluso en medio del asfalto.

Acceder a la sostenibilidad en la ciudad implica salir de la comodidad de las grandes cadenas y buscar nuevos circuitos de distribución en los que el vínculo con el productor no se pierde en etiquetas, sino que se construye con mirada, con conversación, con confianza.

En los supermercados urbanos se nos bombardea con términos como los que ya hemos mencionado antes de *eco*, *plant-based*, *cruelty free*, *sostenible*, *neutro en carbono*. Pero ¿qué significan realmente? ¿Quién los regula? ¿Qué se esconde detrás de esos mensajes?

La mayoría de los productos vegetales procesados que se venden como ecológicos o sostenibles tienen un ciclo de vida que incluye:

- Monocultivos extensivos con agroquímicos.
- Transporte internacional en barcos y camiones.
- Procesado industrial con maquinaria pesada y energía fósil.

- Conservación con aditivos, envases plásticos, atmósferas modificadas.
- Comercialización en grandes cadenas que externalizan costes humanos y ecológicos.

La idea de que una bebida de soja cultivada en Brasil, procesada en Dinamarca y envasada en una gran superficie española para ser vendida aquí sea más sostenible que un litro de leche cruda de un ganadero a 50 kilómetros es simplemente absurda. Pero funciona. Porque el marketing ha ocupado el lugar del sentido común.

Lo que dicen las encuestas: ProVeg y VeganaGal[15]

Uno de los errores más comunes cuando se discute sobre sostenibilidad alimentaria es hablar en abstracto, se suele comparar «la dieta vegana» con «la dieta omnívora» como si fueran dos entes puros y homogéneos. Pero, en la práctica, las dietas se construyen con alimentos concretos, con marcas concretas, con hábitos de compra y con cadenas de distribución reales.

Por eso, lo primero que tenemos que hacer es mirar qué comen los veganos españoles de verdad. Y aquí tenemos dos fuentes valiosas:

- Encuesta de ProVeg International (organización de *lobby* vegano presente en toda Europa).
- Encuesta de VeganaGal (asociación gallega que estudió los hábitos de compra y consumo de la población vegana en España).

15. ProVeg International, «¿Cómo es la población veggie?», II Edición de la Macroencuesta para la población veggie en España, 2023, <https://proveg.com/es/wp-content/uploads/sites/2/2023/11/II-Macroencuesta-poblacion-Veggie-2023.pdf>.

Ambas llegan a la misma conclusión. El núcleo de la dieta vegana moderna en España no son las legumbres secas locales ni las verduras de temporada de la huerta cercana. El núcleo son los sustitutivos industriales de los productos animales.

5

La carne mala frente a la carne buena: la trampa de la comparación injusta

Gran parte de los estudios que comparan el impacto ambiental de la carne frente a las alternativas vegetales cometen un error tan frecuente como sutil: no comparan realidades equivalentes, sino realidades opuestas. Lo hacen tomando como referencia la carne más degradante posible para el planeta, la carne industrial de cebadero. Es decir, animales estabulados, confinados, alimentados con piensos industriales —muchos de ellos transgénicos—, sin acceso a pasto, sin luz solar, sin ciclos circadianos, sin posibilidad de moverse libremente ni de expresar sus comportamientos naturales.

Eso, evidentemente, tiene consecuencias graves tanto para el medio ambiente como para el bienestar animal... y también para la salud humana. Pero lo que muchas personas no saben —o lo que muchas instituciones no quieren que sepas— es que eso no es toda la carne. Es sólo un tipo de carne. Una forma industrial de producir desvinculada del territorio, del suelo y de los ritmos naturales y en la que los animales son convertidos en unidades de producción.

Hay otra forma. Otra carne. Otra lógica. Una lógica de simbiosis y no de extracción. Una lógica regenerativa y no acumulativa. Una lógica que puede —y debe— integrarse incluso en territorios urbanos mediante circuitos locales, apoyo a productores cercanos y una reeducación del deseo y la cocina.

Hablamos de animales criados en libertad, alternando con cultivos, en pastoreo rotacional planificado. Hablamos de animales integrados en sistemas agroecológicos de gestión holística. Animales que no destruyen el suelo, sino que lo regeneran. Que no contaminan el agua, sino que favorecen su ciclo. Que no erosionan, sino que fertilizan.

¿Cómo se mide la huella de carbono de un alimento?

La huella de carbono es una forma de estimar cuánto dióxido de carbono (CO_2) —y otros gases de efecto invernadero, como el metano (CH_4) o el óxido nitroso (N_2O)— se liberan a la atmósfera para producir un alimento.

Se mide en «CO_2 equivalente por kilogramo» (CO_2-eq/kg), lo que permite comparar gases diferentes como si todos fueran CO_2, según su efecto en el calentamiento global.

Los dos métodos más comunes son:

- Análisis de ciclo de vida (LCA): calcula todas las etapas desde la cuna (producción) hasta la tumba (desecho).
- Emisiones directas: sólo cuenta lo que emite el proceso principal (por ejemplo, sólo lo que produce una vaca, sin incluir el transporte o empaquetado).

Importante: cuando ves que un alimento «emite mucho», debes preguntar cómo se midió, qué se incluyó y con qué se compara. Muchas veces se usan métodos distintos para comparar productos animales y vegetales, lo que da lugar a conclusiones injustas o manipuladas.

5.1. Carne viva, suelo vivo

Cuando hablamos de Regetarianismo urbano, hablamos de una forma radical de mirar el alimento desde las ciudades. Y decimos radical en el sentido etimológico, desde la raíz. Porque no se trata sólo de lo que comes. Se trata de cómo fue criado, de qué suelo lo sostuvo, de qué luz lo iluminó y de qué manos lo cuidaron. Comer regetariano en la ciudad es un acto de resistencia silenciosa al algoritmo global de la comida, un algoritmo que premia lo ultraprocesado, lo empaquetado, lo *plant-based* de laboratorio.

Porque no todo lo vegetal es limpio. Ni todo lo animal es sucio. La mayoría de los «estudios de impacto ambiental» que circulan en los medios —esos que resumen el impacto de la carne como diez o veinte veces peor que el de una legumbre o una hamburguesa vegetal— se basan en sistemas de ganadería intensiva, el *feedlot* americano, el cebadero europeo, las macrogranjas desconectadas del paisaje.

Pero ¿qué pasa si comparamos esa hamburguesa vegetal con carne de animales criados a pasto, en fincas regenerativas a menos de 100 km, alimentados con forraje local, criados en sistemas sin antibióticos, sin estrés, sin subproductos industriales? Entonces el resultado cambia. Ya no es una comparación de «carne frente a planta», sino de dos sistemas de producción. Y es ahí donde el discurso ambientalista dominante empieza a tambalearse, porque no hay tofu regenerativo. No hay campos de soja que fijen carbono, que favorezcan la microbiota del suelo, que estimulen la biodiversidad. No existe un monocultivo vegano que regenere ecosistemas.

La soja, el guisante, el trigo, la almendra, el arroz..., todos estos cultivos, cuando se industrializan, desertifican, compactan, desplazan especies, contaminan acuíferos y emiten toneladas de CO_2. El tofu que comes en tu piso de ciudad viene de una planta que viajó miles de kilómetros, que fue regada con aguas subterráneas sobreexplotadas, que empobreció el suelo que pisaba. Ese tofu tiene marca, marketing y una etiqueta verde. Pero no tiene alma, ni simbiosis, ni ciclo.

5.2. Ganadería regenerativa: el eslabón perdido

Los animales criados a pasto no son enemigos del planeta. Son aliados. El estiércol que generan nutre los microorganismos del suelo. Sus pezuñas compactan la capa superficial y estimulan la absorción de agua. Su presencia planificada sobre la pradera aumenta la capacidad de fotosíntesis de las plantas. Los suelos que albergan animales en movimiento secuestran más carbono que los suelos desnudos de los monocultivos. Y sus cuerpos —ricos en colágeno, grasa saturada, hierro hemo, retinol, B12 y CoQ10— nutren al cuerpo humano de forma completa, densa y duradera.

¿Dónde está el suplemento vegano que pueda hacer eso? En realidad, no hay ningún suplemento, ninguna pastilla, ningún laboratorio capaz de fabricar un ecosistema vivo.

Comer regetariano en los tiempos que corren y sobre todo viviendo en la ciudad no es fácil, pero es posible. Y es revolucionario. No requiere una finca, ni vacas, ni gallinas. Requiere criterio. Requiere memoria. Requiere dejar de comprar por precio o por etiqueta, y empezar a comprar por territorio, por historia y por alianza.

El tofu es una metáfora perfecta del sistema alimentario moderno: limpio por fuera, esterilizado, homogéneo, fácil de guardar, fácil de tragar... pero completamente desvinculado de cualquier relación ecosistémica real.

La carne regenerativa es todo lo contrario: puede parecer rústica, a veces cara, no siempre perfecta, no siempre uniforme, pero es una carne que forma parte de un todo: una red viva de relaciones simbióticas entre el suelo, la planta, el animal y el ser humano.

5.3. Comer carne bien criada en la ciudad: una guía posible

El Regetarianismo urbano no busca instalar granjas en el centro de Barcelona ni criar pollos en el balcón de un octavo piso. Lo que busca es crear conciencia de origen, apoyar circuitos locales y devolver dignidad a la comida.

¿Puedes comer hígado de ternera regenerativa viviendo en una gran ciudad? Sí. ¿Puedes comprar huevos de gallinas camperas, de raza autóctona, que picotean hierbas y se mueven en libertad? Sí. ¿Puedes comprar mantequilla cruda, chucrut artesanal, carne curada sin nitritos o huesos para hacer caldo? Sí. Pero tienes que querer. Tienes que aprender a buscar. Tienes que salir del supermercado.

Hay cooperativas, grupos de consumo, plataformas de conexión directa con ganaderos, carnicerías de barrio que trabajan con ganaderías familiares. El Regetarianismo urbano no es el camino más cómodo, pero es el más coherente si realmente te importa el medio ambiente, el cuerpo humano y la cultura alimentaria. No necesitas volverte radical. Basta con elegir bien.

Un solo corte de carne bien criado alimenta mejor que diez briks de bebida vegetal industrial. Una yema de huevo de gallina libre contiene más nutrientes que una pastilla de B12. Un litro de leche cruda te conecta con más historia y más biología que toda la estantería de «productos saludables» del supermercado.

¿Qué hace sostenible una dieta?

La pregunta no es qué emite menos CO_2, sino qué deja el suelo más fértil después de haber sido cultivado o pastado. La sostenibilidad no es una cifra. Es una relación.

El tofu no deja nada. La lenteja industrial tampoco. Son cultivos que, sin fertilizantes, sin riego artificial, sin maquinaria, no pueden sostenerse. Y que, una vez cosechados, dejan el suelo expuesto, muerto, seco. Un sistema de pastoreo rotativo, en cambio, deja el campo mejor que antes. Más verde. Más lleno de vida. Más preparado para la siguiente estación. Más resiliente ante la sequía.

Por eso, la gran pregunta que deberías hacerte como ciudadano consciente no es «De dónde viene esto», sino «¿Qué deja tras de sí?».

Y tú, ¿en qué lado de la historia estás? La industria quiere carne sin animales. Leche sin vacas. Tierra sin agricultores. Cultivos sin raíces. Comida sin tiempo. Pero tú puedes elegir. Puedes apoyar una economía regenerativa desde tu plato. Puedes votar cada día con tu tenedor.

No es necesario vivir en el campo para formar parte de una cultura regenerativa. Puedes hacerlo desde tu barrio. Desde tu cocina. Desde tu comunidad. Puedes invitar a otros. Puedes enseñar a tus hijos. Puedes cocinar con órganos, con grasa y con huesos, y reconectar con lo que realmente sostiene tu cuerpo: la vida que se nutre de vida.

Ésa es la propuesta del Regetarianismo urbano. Sin postureo vegano ni carne de macrogranja. Sólo comida viva, de verdad, con alma.

5.4. ¿Y si no tengo campo? Comer como si lo tuvieras

Vivir en ciudad no te obliga a comer comida de ciudad. La diferencia no está tanto en el código postal como en la actitud. Puedes vivir en un décimo piso y elegir alimentos con raíz, con origen, con vida. Esto es lo que puedes hacer:

- Ir a mercados de productores (no a supermercados disfrazados de ecológicos).
- Pedir cajas semanales de carne, huevos y verduras de granjas cercanas.
- Unirte a grupos de consumo vecinal.
- Comprar a través de plataformas de ganaderos regenerativos.
- Visitar granjas una vez al mes.
- Aprender a conservar alimentos (fermentados, caldos, secado, congelación).
- Usar menaje sin tóxicos (hierro fundido, acero inoxidable, cerámica real).
- Cocinar a fuego lento, dejar el microondas.
- Comer menos veces al día, pero con más nutrientes.

Cada acción cuenta. Comer con conciencia desde la ciudad es un acto revolucionario.

6

La comida sin alma: el verdadero problema urbano

El problema no es sólo lo que comemos. Es cómo lo comemos. El entorno. El ritmo. La presencia o ausencia. Es la luz azul del techo, el móvil en la mano, la comida recalentada en microondas dentro de un táper de plástico. Es la postura encorvada. El ruido de fondo. La urgencia. La distracción. La fragmentación. La ausencia absoluta de ritual.

Más del 90 por ciento de las comidas urbanas se hacen frente a una pantalla, bajo luz led, sin atención, con alimentos procesados, en envases desechables, en posiciones corporales que ningún cuerpo ancestral reconocería como humanas. Hemos convertido el acto más sagrado del día en un trámite. En una interrupción. En una descarga calórica que se ejecuta entre reunión y reunión, entre *scroll* y *scroll.*

Eso no es comer. Es consumir. Y mata algo más que la digestión. Mata la relación, la señal de saciedad, el sentido. Por eso el Regetarianismo no es sólo una forma de elegir alimentos con alma, sino también una forma de comer con alma. De sentarse. De estar. De dejar que el acto de comer vuelva a ser lo que siempre fue, un rito, una ofrenda, un reencuentro.

¿Qué es comer bien si lo haces mal? Imagina que compras carne de pasto, huevos de gallinas felices, verduras fermentadas, mantequilla cruda, sal del Atlántico sin refinar..., pero te los comes de pie, mirando el correo en el móvil. ¿Realmente es una comida saludable?

O imagina que te haces una ensalada perfecta, con todo ecológico, local, biodinámico... y te la comes mientras ves vídeos de guerras, comentarios hirientes o publicidad de comida basura, o mientras comparas tu vida con la de otros en redes sociales. ¿Eso es comida? ¿O es una ceremonia de desconexión espiritual?

El Regetarianismo urbano nos recuerda que la digestión no empieza en la boca, sino en la mirada. Que masticar no es un trámite, sino una forma de encender el fuego interno. Que comer no es llenar, sino abrir: abrirse al alimento, al territorio que lo dio, al cuerpo que lo transforma, al alma que lo recibe.

6.1. Comer con el sistema nervioso roto

La ciudad genera un tipo de hambre que no es fisiológica. Es hambre de pausa, de descanso, de belleza, de pertenencia. Pero como no sabemos nombrarla, la llenamos con *snacks*, pantallas, *scroll* infinito y comida vacía.

El sistema nervioso simpático —el del estrés, el de la lucha-huida— inhibe la digestión. Si comes con prisa, si comes con el cortisol disparado, peleando, mirando noticias o preocupado por tu cuerpo... no estás digiriendo. Estás sobreviviendo.

El Regetarianismo también es parasimpático. Es descanso, respiración, olor. Es masticar más de treinta veces. Apagar la luz blanca y encender una vela. Es servirte la comida en cerámica, con cubiertos reales, sin plástico. Es agradecer antes de morder. Es salivar como quien afina un instrumento. Es mirar tu plato como quien escucha una historia.

Porque cada alimento trae una historia. La comida sin historia es sólo una excusa para llenar un hueco que no es físico. Comer en soledad no es lo mismo que comer solo. La cultura urbana ha hecho que cada vez más personas coman solas, pero ése no es el problema. El problema no es estar solo, sino comer sin ti. Porque uno puede estar solo, pero presente. Solo, pero agradecido. Solo, pero en un silencio lleno de sentido.

Y también puede estar acompañado, pero ausente. En una mesa con otros, pero con el alma fuera. Con la cabeza en otro sitio. Con la atención disuelta. Con los móviles invadiendo la escena como si la comida fuese secundaria.

Comer con presencia, en el marco del Regetarianismo, es traer el alma al plato. Comer solo con tu alma es mil veces más sagrado que comer con mil personas y sin ella. Porque el alimento no sólo se metaboliza en el cuerpo. También en el espíritu. Y lo que se come sin alma no alimenta. Sólo estimula. La estimulación no es nutrición. Como la pornografía no es erotismo. Como el ruido no es música. Como el *scrolling* no es lectura.

6.2. El rito como medicina

La modernidad se burla del rito. Lo considera superstición, una pérdida de tiempo, algo innecesario. Pero la biología no está de acuerdo. La biología —la verdadera, no la de los gráficos de *fitness*— es una danza entre formas, tiempos, pausas y sincronías. Y eso es el rito. Una forma de colocar el cuerpo y el alma en el tiempo correcto.

Por eso, el Regetarianismo urbano rescata el rito del comer. El microrrito diario que puede durar cinco minutos o una hora, pero que siempre tiene el mismo objetivo: bajar del ruido al cuerpo, del cuerpo al alimento, del alimento a la tierra.

Un simple gesto puede ser un rito:

- Servir la comida en plato de barro.
- Sentarte sin cruzar las piernas.
- Apagar las pantallas.
- Encender una vela.
- Dar gracias al animal que entregó su vida.
- Respirar antes del primer bocado.
- Masticar más lento que tu pensamiento.
- Cerrar los ojos mientras saboreas.
- Comer sin hablar.
- Comer sin leer.

6.3. La luz como ingrediente invisible

¿Con qué luz comes? La mayoría de las personas no se lo pregunta y, en realidad, la luz es un ingrediente más. No da sabor, pero cambia toda la bioquímica de lo que comes. Comer bajo luz led blanca durante la cena activa las mismas rutas metabólicas que el desayuno. Aumenta el cortisol, reduce la melatonina, altera la leptina, impacta la saciedad. Es como comer en una estación equivocada. Como si estuvieras desayunando a las nueve de la noche.

Una vela, una bombilla incandescente, una luz roja o ámbar cambia por completo la señal que recibe tu sistema digestivo. Porque no comemos sólo por la boca. También comemos por los ojos, por la piel, por el nervio vago, por la retina. Y por eso el Regetarianismo urbano insiste: baja la luz, sube la presencia.

No necesitas un templo. Tu cocina puede serlo. Tu comedor también. Basta con recuperar el símbolo, con recordar que comer no es sólo nutrir. Es encarnar. Es renovar la alianza entre cuerpo, tierra y alma. Lo que comemos nos hace. Cómo lo comemos, también.

Imagina dos personas comiendo el mismo filete de hígado:

- Una lo hace con atención, agradecimiento, presencia, en un entorno cálido, sin pantallas, respirando entre bocado y bocado.
- La otra lo hace mirando el móvil, en tensión, bajo fluorescentes, masticando como si fuera un trámite.

¿Crees que ese alimento se transformará igual? No. La digestión es un proceso espiritual, no sólo bioquímico. Y eso no es poesía, sino fisiología.

La enzima que digiere se activa con la mirada, con el olor, con la calma. La motilidad intestinal responde al sistema nervioso. Las bacterias del intestino reconocen si comes en paz o dominado por el estrés. El hígado produce bilis de forma distinta si estás respirando o si estás discutiendo con alguien. La comida entra por la boca, pero el cuerpo entero decide qué hacer con ella.

Por eso, el Regetarianismo no es una dieta, sino una forma de vivir. Una forma de volver a comer como si el alma importara.

6.4. Comer bien es también saber cuándo no comer

El Regetarianismo urbano también se relaciona con el ayuno. No como moda, sino como pausa. Como espacio. Como disciplina del deseo. Porque en la ciudad se come demasiado. Demasiadas veces. Demasiado rápido. Demasiado sin hambre.

El regetariano no come por ansiedad, sino por comunión. Y por eso puede ayunar sin miedo, porque no vive en guerra con su cuerpo, no tiene que doparse con *snacks* ni calmar el vacío con pan. Ha aprendido que el hambre real no es enemiga, sino un tambor sagrado que avisa: es hora de sentarse. Es hora de nutrirse. Es hora de agradecer.

No hay comida más sagrada que la que sigue al ayuno. Ni hay plato más profundo que el que viene después del silencio, porque la digestión más completa tiene lugar en un cuerpo que espera y honra. La comida vacía es peor que el hambre.

Hay hambres que despiertan el alma y comidas que la apagan. No hablo sólo de nutrientes, sino de la forma en la que comemos. El peor alimento no siempre es el ultraprocesado: es el que tomas sin estar presente, el que masticas mientras discutes, el que tragas sin respirar, el que compras sin mirar. Es esa comida que entra en tu cuerpo, pero no pasa por ti.

El Regetarianismo urbano nace como una respuesta a eso. Es una forma de recuperar presencia en un mundo que corre demasiado, una manera de volver a sentir lo que comemos y por qué lo hacemos. Entonces, comer deja de ser un acto automático para convertirse en un gesto consciente, casi de resistencia.

Porque comer con alma es un acto político, biológico y humano. Por eso decimos que la comida sin alma y vacía es peor que el hambre: puede llenar el estómago, pero vacía el espíritu.

7

La logística regenerativa: cómo funciona en entornos urbanos

Una de las críticas más comunes que se escucha cuando se habla de carne regenerativa es que «es cara», «es difícil de encontrar» o «no llega a mi ciudad», y durante muchos años fue cierto. Las redes eran pequeñas, los canales informales, los precios impredecibles, pero eso está cambiando. En muchas ciudades de Europa y América Latina están emergiendo con fuerza estructuras logísticas y comerciales que facilitan el acceso real a carne de pasto, huevos de gallinas libres y productos animales sin industrializar. A eso lo llamamos red logística regenerativa, una cadena de alianzas humanas, tecnológicas y territoriales que devuelven vida al ciclo del alimento.

Estas redes no son futurismo. Ya existen. Y no son sólo para élites urbanas ni para fanáticos de la nutrición ancestral. Hay plataformas digitales que conectan directamente a productor y consumidor, sin intermediarios; carnicerías regenerativas en barrios donde antes sólo había supermercados y pan blanco; rutas de reparto en frío optimizadas para no usar envases innecesarios; mercados semanales donde se venden cortes nobles y órganos a precios accesibles; restaurantes que ya no compran en Makro, sino a ganaderos locales con visión holística, y proyectos de distribución conjunta que agrupan a varias fincas pequeñas para sostener la escala sin perder el alma.

Una parte del problema es cultural. Muchos siguen creyendo que «regenerativo» significa «orgánico *gourmet*» o «bío para ricos». Pero lo regenerativo no es lujo, sino lo que debería haber sido siempre. Es volver a un sistema en el que el animal no es un número, el suelo no es un desecho y el consumidor no es una estadística. Es pagar por una red viva, por un pasto bien manejado, por un ternero que mamó de su madre, por una gallina que vio el sol, y por una carne que no sólo te alimenta, sino que regenera todo lo que toca.

Otra parte del problema es de hábito. Nos hemos acostumbrado a comprar carne sin mirar de dónde viene. A que todo esté disponible todo el tiempo. A pagar menos de lo que cuesta criar un animal. A ignorar el verdadero precio de un filete barato. Sin embargo, ese precio se paga igual, en salud, en antibióticos, en disbiosis, en deforestación, en sufrimiento animal. Y eso, aunque no aparezca en la etiqueta, se cuela en la sangre, en el intestino, en el aire que respiramos y en el agua que bebemos. La carne barata no es barata. Sólo está subvencionada por la destrucción.

Por eso, el acceso a carne regenerativa no se trata sólo de logística. Se trata de conciencia. De elegir con los ojos abiertos. De cambiar los circuitos por donde viaja tu dinero. De comprometerte más allá del aplauso en Instagram. Porque una carnicería de barrio que trabaja con fincas regenerativas necesita clientes reales, no sólo *likes*. Un ganadero regenerativo necesita ventas estables, no sólo elogios. Un restaurante que deja de comprar a la gran industria necesita comensales que entiendan lo que está haciendo. El cambio empieza en la boca, pero se sostiene con el bolsillo.

Muchos se sorprenden al descubrir que el precio por kilo de hígado regenerativo es más bajo que el de un *snack* saludable de supermercado. Que la grasa de vaca es más barata y densa que la mantequilla ecológica de importación. Que hay cortes secundarios que nutren más y cuestan menos. Pero no los conocen porque no suelen venderse en supermercados o porque no son tan apetecibles a la vista como otros. Porque requieren cocina lenta e implican hablar con el carnicero, aprender a cocer huesos, hervir caldos, asar piezas enteras. Porque el marketing de la salud ha hecho creer que lo «fácil» y lo *fit* es mejor.

Para nuestra desgracia, lo que cambia el cuerpo —y el ecosistema— es otra cosa. No es el lomo, sino el hueso. No es el solomillo, sino la grasa. No es el suplemento, sino la víscera. El Regetarianismo urbano invita a reconectar con la cocina real. A reaprender el arte de usar todo el animal, y recuperar técnicas que nuestras abuelas dominaban y que la industria se encargó de enterrar. A cocinar con calma, con sentido, con sazón y sin culpa. A valorar cada bocado como parte de un sistema mayor.

Algunos dirán que no tienen tiempo, pero el tiempo no es el problema. El problema es la prioridad. Tiempo hay para Netflix, para TikTok, para discutir en redes sociales o leer artículos sobre salud. Sin embargo, no hay tiempo para comprar en el mercado, cortar huesos, hervir un caldo o hablar con quien cría el alimento. Esa disonancia es el corazón del problema. Porque hemos delegado nuestra soberanía en apps y algoritmos, y ahora creemos que la comida nace en un paquete y el precio lo decide una etiqueta.

La carne regenerativa no se produce en serie. Se cría. Y todo lo que se cría necesita tiempo, paciencia, mirada. No hay pasto rápido. No hay terneros sin madre. No hay gallinas felices en jaulas limpias. El suelo necesita descanso. El estiércol necesita descomponerse. El agua necesita filtrarse. Y el animal necesita vivir. Por eso, cuando compras carne regenerativa no estás pagando sólo por proteína. Estás pagando por un proceso. Por un ecosistema. Por una ética. Por una cultura que no se ve, pero que te sostiene. Y sí, es posible acceder a ella incluso viviendo en un piso de ciudad. Sólo tienes que buscar. Y comprometerte. Y entender que no se trata de comer filete todos los días. Se trata de comer mejor. Menos carne, pero más densa. Menos proteína, pero más ancestral. Menos producto y más vida. Un caldo con huesos vale más que cien barritas energéticas. Un guiso con órganos vale más que cualquier «alternativa *plant-based*» industrial. Y un plato que viene de una finca regenerativa vale más que una oferta de supermercado.

Por eso, el Regetarianismo es una militancia. Una reeducación del deseo, una recuperación de la sabiduría del territorio, y también una red. Porque no estás solo. Hay miles de personas como tú buscando productores locales, compartiendo rutas de reparto, organizando compras conjuntas, creando apps regenerativas, haciendo ferias, cocinando con alma. El cambio ya empezó. Sólo tienes que decidir en qué lado estás.

7.1. El regetariano urbano frente al «progresismo de supermercado»

En las grandes ciudades se ha instalado una estética del bien. Una forma de progresismo alimentario superficial que se expresa en etiquetas, colores, marcas y discursos que aparentan conciencia, pero que no cuestionan absolutamente nada. Comprar siguiendo estas etiquetas se ha vuelto una identidad en sí misma. Un estilo. Una tribu. Un estatus moral. Una forma de diferenciarse no tanto por lo que se sabe o se comprende, sino por lo que se aparenta y se proyecta. Es el veganismo de diseño. El supermercado ético. La compostera con Instagram.

Lo que antes era un acto íntimo —comer, cocinar, elegir

el alimento— ahora es también una bandera. Y eso no sería un problema si la bandera viniera acompañada de reflexión, estudio y criterio, pero en muchos casos no hay nada de eso. Sólo propaganda empaquetada, virtud performativa o una fe ciega en las etiquetas verdes que prometen salvar al mundo mientras lo industrializan por otro camino. Porque cambiar carne de cebadero por tofu ultraprocesado no es progreso. Es marketing.

El consumidor moderno se ha acostumbrado a tercerizar su conciencia. En lugar de investigar, compara logotipos. En lugar de conocer a su productor, mira el certificado. En lugar de cocinar, calienta. En lugar de pensar, sigue al *influencer* de turno. Y, así, el alimento deja de ser vínculo y se convierte en símbolo de estatus moral. De superioridad ética. De «yo no como animales», «yo no tomo lácteos» o «yo sólo compro orgánico certificado». Pero no se pregunta, ¿de dónde viene esta almendra? ¿Cuánta agua usa esta soja? ¿Qué monocultivo desplazó al arroz ecológico? El porcentaje mayor de monocultivos es de soja, trigo y maíz.

El regetariano urbano no se deja seducir por esa estética. No confunde el envoltorio con el alma. No cree en etiquetas sin contexto, ni en una moral que se vende por kilo. Porque sabe que la coherencia no se certifica, sino que se practica. Y se practica en lo cotidiano, en cómo eliges, en a quién apoyas, en con qué regularidad compras, en cómo cocinas o con qué luz comes. La coherencia no es perfección, ni dogma. Es una danza entre ideales y realidad. Es buscar lo mejor posible en el contexto que tienes, sin caer en el cinismo ni en el postureo.

El regetariano urbano no busca alimentos perfectos, sino procesos honestos. Le importa más cómo fue criado un animal que qué etiqueta lleva su envase; hablar con el ganadero que leer una tabla nutricional; la salud del suelo que los gramos de proteína por porción. Porque entiende que el alimento no es sólo un conjunto de nutrientes, es un canal. Un puente. Una forma de tocar el mundo. Y, por tanto, una forma de habitarlo.

Comer es política, economía, ecología y espiritualidad. Y por eso no se puede reducir a una dieta de *influencer*. Las etiquetas verdes tranquilizan conciencias, pero también anestesian preguntas. ¿Qué significa *cruelty free* en un contexto de monocultivo? ¿Qué significa *plant-based* si las plantas vienen de miles de kilómetros, se riegan con agua robada, se empaquetan en plástico y se cocinan con electricidad de carbón? ¿Qué significa *eco* si el agricultor vive en deuda y el suelo está muerto? ¿Qué sentido tiene no comer carne por compasión animal si esa decisión depende de comer productos hechos en fábricas donde no hay ni un gramo de relación ecosistémica?

El regetariano urbano no compra relatos, compra vínculos. No se guía por lo que parece ético, sino por lo que realmente regenera. Sabe que el progreso no está en dejar de comer animales, sino en volver a entender qué significa convivir con ellos. Qué significa criarlos, honrarlos y darles las gracias. Qué significa que una vida dé lugar a otra o que el estiércol de un animal sostenga el bosque que purifica tu aire, que su pastar regenere el campo que alimenta tu agua y que su grasa te devuelva energía sin destruir el planeta.

Por eso, el regetariano no confía en la publicidad, sino en la conversación. Conversación con quien cultiva, con quien cría, con quien cocina, con quien estudia, con quien vive de lo que hace y no de lo que dice. Y también de la conversación con su propio cuerpo, con su intuición, con su digestión, con su energía después de comer, con su piel y con su microbiota. Porque el cuerpo también certifica, y no miente. La carne regenerativa no necesita logotipos: necesita tiempo, pasto, paciencia, luz y confianza.

En la ciudad, esto implica un esfuerzo. Implica salir de la zona de confort. Salir del supermercado y del algoritmo para aprender a distinguir entre «natural» y «nutritivo», entre «vegano» y «vivo», entre «saludable» y «regenerativo». Implica mirar más allá del *packaging* y ver el proceso: si hay manos detrás, si hay territorio y si hay alma. Porque, si no la hay, entonces no es alimento, sino un producto comestible, sin vínculo. Y eso no es comida: es mercancía.

Por eso, el Regetarianismo urbano es una forma de descolonizar la conciencia alimentaria. De romper con el discurso del bien empaquetado. De dejar de consumir símbolos de virtud y empezar a participar en procesos de vida. De dejar de seguir modas y empezar a cuidar relaciones. De volver a entender que alimentarse no es una identidad de consumo, sino un pacto con el mundo. Y ese pacto empieza en el suelo y termina en la célula. Y en medio está tu mirada, tu gesto, tu cocina y tu elección. Porque quien sólo consume etiquetas no se alimenta. Se anestesia. Quien come sin proceso, se pierde la historia. Y quien come sin vínculo vive desconectado.

Pero aquel que se entrega al alimento con alma —aunque no sea perfecto, aunque no sea cien por cien regenerativo, aunque venga en una bolsa de vez en cuando— se reencuentra con algo que el mundo moderno ha olvidado: que comer es un acto sagrado.

Tabla 7.1. Una comparativa realista entre lo urbano verde (*plant-based* industrial) y lo urbano regenerativo

CRITERIO	*PLANT-BASED* INDUSTRIAL	REGETARIANO URBANO
Origen	Importado	Local/proximidad
Procesado	Alto	Bajo o nulo
Envoltorio	Plástico/compuesto	Mínimo/ compostable
Energía	Alta (maquinaria, transporte)	Baja
Densidad nutricional	Media-baja	Alta

.../...

.../...

CRITERIO	*PLANT-BASED* INDUSTRIAL	REGETARIANO URBANO
Biodisponibilidad	Baja	Alta
Impacto en el suelo	Nulo o negativo	Positivo
Agua utilizada	Alta	Moderada
Relación con productor	Inexistente	Directa
Precio real (€/nutriente)	Alto	Medio

Fuente: Elaboración propia.

7.2. ¿Y SI TODOS LO HICIÉRAMOS?

Imagínate si un 10 por ciento de los habitantes urbanos cambiaran la procedencia de sus alimentos. Si dejaran de comprar hamburguesas veganas de laboratorio y empezaran a apoyar a ganaderos regenerativos. Si transformaran su cocina en un espacio ritual. Si enseñaran a sus hijos a cortar huesos, a oler hierbas, a distinguir un fermento vivo. La ciudad cambiaría. La política alimentaria cambiaría. El mercado se vería obligado a cambiar. Porque el consumo consciente es más poderoso que cualquier *hashtag* en Instagram.

El Regetarianismo urbano no es una renuncia, sino una conquista. No es una vuelta nostálgica al pasado, sino una activación radical del presente. Tu cuerpo es el primer territorio que debes regenerar. Y, desde ahí, se regeneran tus elecciones, tu cocina, tu barrio, tu comunidad.

No hace falta tener huerto para vivir con raíz, sólo necesitas criterio. Es necesario dejar de delegar y empezar a comer, y comprar, como si importara, porque importa. Vivir en ciudad no es excusa. Es escenario. Y tú decides si lo habitas como consumidor o como regenerador.

8

Aprovechamiento integral del animal de pasto: sostenibilidad, biología y economía circular

No hay sostenibilidad alimentaria sin animales. Esa frase, tan evidente como ignorada, resume una de las paradojas más profundas de la modernidad: hemos culpado al herbívoro por el deterioro del planeta cuando, en realidad, su biología es una de las pocas capaces de transformar lo no comestible en vida utilizable.

Los rumiantes en sistemas de pasto ocupan un lugar único en la red trófica, son biorreactores solares que convierten la celulosa —la molécula vegetal más abundante del planeta y completamente indigerible para el ser humano— en proteína, grasa, cuero, colágeno, fertilidad y energía. Su existencia permite cerrar un ciclo que de otro modo quedaría roto, el de la conversión de la luz del sol en tejidos, y de esos tejidos en alimentos que nutren no sólo cuerpos, sino también suelos, economías y culturas.

En sistemas regenerativos, el animal no es un fin en sí mismo sino un mediador entre la Tierra y el humano. El pasto captura CO_2, el animal lo metaboliza y su estiércol lo devuelve al suelo en forma de carbono orgánico y fertilidad microbiana. Donde el arado destruye la estructura viva del terreno, el pastoreo la revitaliza. Y cuando el animal muere, su cuerpo vuelve a alimentar esa misma tierra, cerrando un ciclo bioquímico y simbólico.

Este modelo circular ha sido reemplazado por una cultura de fragmentación. La industria y la ideología urbanocéntrica han reducido el animal a un «producto», el alimento a un «macronutriente», y la vida rural a una «emisión de metano».

El objetivo de este capítulo es desmontar esa simplificación y mostrar que, cuando se respeta el ciclo natural, nada del animal se desperdicia y todo puede reintegrarse al metabolismo de la biosfera y la sociedad.

8.1. El metabolismo del herbívoro: convertir la luz en proteína

El ser humano no puede digerir pasto. La celulosa y la lignina son paredes vegetales infranqueables para nuestras enzimas. Pero el rumiante —vaca, oveja, cabra, ciervos y otros animales salvajes— ha desarrollado, a lo largo de millones de años, un ecosistema interno de microorganismos que lo hace posible.

Su estómago de cuatro compartimentos (rumen, retículo, omaso y abomaso) alberga miles de especies de bacterias, hongos y protozoos que degradan las fibras vegetales, liberando ácidos grasos volátiles que luego son absorbidos y convertidos en energía metabólica. Ese proceso transforma materia no apta para el consumo humano (hierba, forrajes, residuos agrícolas) en tejidos de alto valor biológico:

- Proteína completa con todos los aminoácidos esenciales.
- Grasas ricas en ácidos grasos omega 3 y CLA.
- Micronutrientes de alta biodisponibilidad (hierro hemo, zinc, B12, retinol).

El animal de pasto, por tanto, no compite con el humano por los recursos alimentarios, sino que los amplifica. Mientras que el cerdo o el pollo dependen de cereales cultivados en suelos arables —entrando en competencia directa con la agricultura humana—, el rumiante aprovecha tierras no cultivables, montes, estepas y praderas que, de otro modo, quedarían improductivas.

En términos energéticos, el herbívoro es una máquina de conversión solar: transforma energía fotosintética en biomoléculas disponibles. En términos ecológicos, es una tecnología natural de reciclaje: devuelve al suelo, vía estiércol, entre el 80 y el 90 por ciento de los nutrientes que ingiere. Y en términos humanos, es una fuente múltiple de materiales vitales, como veremos a continuación.

8.2. La anatomía útil: cómo aprovechar todo el animal

La idea de «desperdicio animal» sólo existe en la sociedad industrial. En las culturas tradicionales —desde las tribus nórdicas hasta las comunidades pastoriles africanas o andinas— todo tenía un uso. El animal se entendía como unidad total de energía y materia.

Veamos, desde la biología aplicada, cómo ese principio se traduce en práctica.

Carne y grasa: energía concentrada

La carne es el producto visible, pero la grasa es la reserva solar. El sebo obtenido del tejido adiposo (principalmente del riñón y del dorso) se funde por renderización a baja temperatura. Ese proceso separa las impurezas y genera una grasa pura, estable, rica en ácidos grasos saturados y monoinstaurados. El sebo puede utilizarse para:

- Cocinar (punto de humo alto, sin oxidación).
- Fabricar velas, jabones y cosméticos naturales.
- Lubricar herramientas y proteger el cuero.

A diferencia de los aceites vegetales refinados, el sebo no requiere disolventes químicos ni monocultivos; es un subproducto carbono-neutral cuando procede de sistemas de pasto.

Huesos y cartílagos: colágeno y minerales

El esqueleto del animal encierra una de las fuentes más densas de minerales biodisponibles y colágeno. Mediante cocción prolongada —el tradicional «caldo de huesos»— se extraen gelatina, glicina y prolina, aminoácidos clave para la reparación de tejidos humanos.

En la industria, los huesos se trituran y se procesan por hidrólisis enzimática para producir gelatina alimentaria y farmacéutica, cápsulas, películas biodegradables y adhesivos naturales. El polvo óseo, secado y molido, constituye un fertilizante orgánico de liberación lenta, rico en fósforo y calcio, ideal para la regeneración de suelos empobrecidos.

Nada se pierde: lo que sostiene el cuerpo animal vuelve a sostener el cuerpo vegetal.

Piel y cuero: biotecnología ancestral

La piel es el órgano más grande del animal y una materia prima de altísima durabilidad. De ella, mediante el curtido vegetal —usando taninos extraídos de cortezas y hojas, sin cromo ni ácidos minerales— se obtiene un cuero biodegradable y no tóxico. Este cuero puede transformarse en calzado, ropa, herramientas, fundas e incluso aislantes térmicos.

En un sistema circular, la moda y la industria textil podrían nutrirse de cueros regenerativos locales, evitando el impacto petroquímico del poliéster o el nailon. De un solo bovino adulto se pueden obtener hasta 20 m^2 de cuero utilizable.

Sangre y vísceras: bioquímica aplicada

En el animal completo, las vísceras representan cerca del 30 por ciento del peso vivo. Son las partes más ricas en micronutrientes y enzimas. El hígado, riñón y corazón concentran vitaminas liposolubles y minerales esenciales. Secados y molidos, pueden utilizarse como suplementos nutricionales o como base para piensos de alta densidad biológica.

La sangre, rica en nitrógeno, se utiliza como fertilizante orgánico en forma de «harina de sangre» o *blood meal*, aportando aminoácidos y hierro a los cultivos. En algunos sistemas tradicionales se coagula para consumo humano directo o para elaborar morcillas y embutidos fermentados, evitando cualquier pérdida de proteína.

Estiércol y orina: fertilidad y energía

El estiércol fresco contiene más de veinte millones de microorganismos por gramo. Es un inoculante biológico que activa la vida del suelo. En pastoreo rotacional, el animal distribuye naturalmente ese fertilizante mientras camina, sin maquinaria, sin combustibles. Compostado, el estiércol produce humus estable que secuestra carbono durante décadas.

La orina, rica en nitrógeno y potasio, puede diluirse y utilizarse como biofertilizante o fuente de amonio para compostaje rápido. En Asia se emplea incluso en biodigestores para generar biogás, cerrando el circuito energético.

Cuernos, pezuñas y tendones: materiales técnicos

Los cuernos y pezuñas, compuestos de queratina, se procesan por calor o hidrólisis para producir pegamentos, plásticos naturales, botones, utensilios y complementos minerales para suelos. Antiguamente se usaban como recipientes, en instrumentos musicales o herramientas agrícolas.

De los tendones y ligamentos se extraen fibras ricas en colágeno para cuerdas, hilos y tejidos resistentes.

Leche, calostro y derivados

La producción láctea de animales de pasto no sólo genera leche y queso.

El calostro —las primeras secreciones posparto— es fuente de inmunoglobulinas y factores de crecimiento, hoy investigados para aplicaciones médicas y deportivas.

Los subproductos lácteos como el suero sirven para alimentar cerdos, gallinas o para fermentar bebidas probióticas como el kéfir.

Nada sale del ciclo: lo que una especie produce, otra transforma.

8.3. El animal como restaurador ecológico

Más allá de sus productos, el animal de pasto repara ecosistemas. El pastoreo rotacional o adaptativo, correctamente gestionado, imita los movimientos migratorios naturales de los grandes herbívoros. Cada pisada airea el suelo, cada deposición inocula microbiota, cada mordida estimula el rebrote del pasto.

Los estudios de Allan Savory y múltiples proyectos de manejo holístico han demostrado que las praderas manejadas con animales secuestran más carbono que los cultivos industriales.[16] Mientras el arado libera CO_2 al oxidar la materia orgánica, el pasto lo fija en forma de raíces profundas. La hojarasca y el estiércol alimentan lombrices, escarabajos y hongos micorrícicos. Nos encontramos con un suelo vivo, esponjoso, hidratado y fértil.

Un solo bovino en pastoreo bien planificado puede reciclar más de 50 kilogramos de estiércol al día, equivalentemente a 20 toneladas anuales de materia orgánica devuelta al terreno. Su impacto neto no es de destrucción, sino de regeneración de la capa fértil del planeta.

En sistemas mixtos, los animales también ayudan a reducir incendios forestales (al consumir biomasa seca), mantener la biodiversidad vegetal, interrumpir ciclos de plagas y reintegrar nutrientes en zonas marginales.

Donde el humano industrial ve «ganado», el ecólogo ve un vector de restauración.

16. Savory, Allan, *Holistic Management*, Island Press, Estados Unidos, 2016.

8.4. Economía circular del animal completo

La economía lineal ve un producto y un residuo, mientras que la economía circular ve una secuencia de transformaciones donde cada salida es entrada para otro proceso. El animal encarna esa lógica de manera perfecta. En un sistema regenerativo completo:

1. El pasto crece gracias al sol, al agua y al carbono del aire.
2. El animal lo convierte en carne, leche, grasa y fertilizante.
3. El humano utiliza cada parte: alimento, vestido, herramienta, energía.
4. Los residuos orgánicos (estiércol, huesos, sangre, grasa) se devuelven al suelo o se transforman en bioproductos útiles.
5. El suelo se enriquece, aumentando su capacidad de retener agua y carbono.

Es un modelo de entropía negativa, una ecología de regeneración continua. Por ejemplo, en una pequeña finca regenerativa de 50 hectáreas con rotación bovina:

- El cuero puede abastecer a un taller local.
- El sebo convertirse en jabones artesanales.
- Los huesos, en fertilizante para huertos.
- La sangre y vísceras, en alimento para gallinas.
- Y el estiércol, en compost para reforestar la zona.

Cada animal no sólo alimenta a personas: sostiene oficios, cadenas de valor y economías rurales completas.

8.5. Ciencia de los subproductos: procesos y sostenibilidad

En la industria moderna se habla de *rendering*, el proceso de separación y aprovechamiento integral de tejidos animales. Cuando se realiza con respeto ambiental —a baja temperatura, con recuperación energética y control sanitario—, puede alcanzar una eficiencia del 98 por ciento del peso corporal total. Algunos ejemplos concretos:

- **Renderización húmeda:** transforma grasa y tejidos blandos en sebo, harinas proteicas y agua procesada, que puede depurarse y reutilizarse.
- **Hidrólisis enzimática:** aplicada a huesos y cartílagos, genera colágeno y péptidos bioactivos.
- **Compostaje termofílico:** convierte restos no comestibles en abono estable de 30 a 60 días.
- **Biodigestión anaerobia:** produce biogás a partir de estiércol y sangre, cerrando el ciclo energético.
- **Curtido vegetal artesanal:** reutiliza extractos de plantas locales en lugar de químicos industriales.

Cada proceso tiene una versión industrial (a gran escala), y una artesanal o comunitaria (en pequeña granja). La clave está en la trazabilidad y el uso de energía renovable para mantener el balance ecológico positivo.

Cuando se implementan cadenas locales de aprovechamiento, el impacto neto de un sistema de pastoreo puede ser de carbono negativo: la cantidad de carbono secuestrado en el suelo y en los productos duraderos (cuero, hueso, colágeno) supera las emisiones directas de metano del animal.

Gráfico 8.1. La ciencia de los subproductos animales: hacia una economía circular

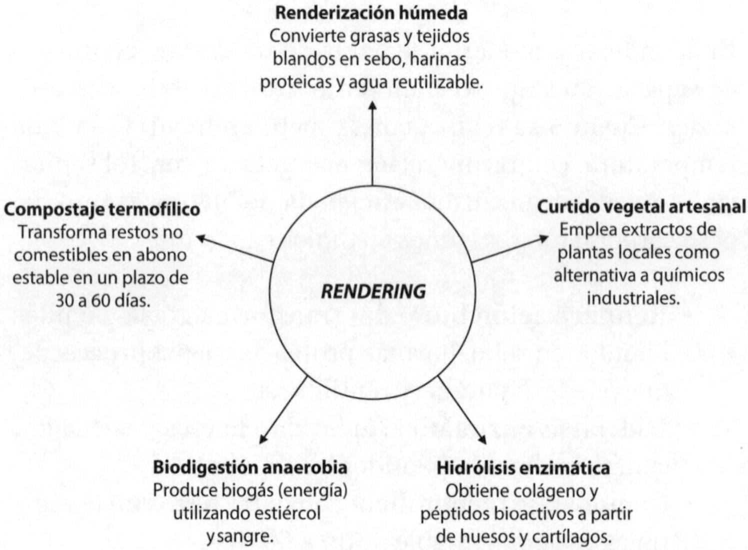

Nota: El *rendering* es un proceso de separación y aprovechamiento integral de tejidos animales. Realizado bajo criterios de sostenibilidad, puede transformar hasta el 98 por ciento del peso corporal en recursos útiles, cerrando ciclos de materiales y energía de manera eficiente.
Fuente: Elaboración propia.

8.6. Contraste con la carne cultivada y el desperdicio moderno

Frente a esta red simbiótica, la carne cultivada representa lo contrario: fragmentación y dependencia energética. Sus biorreactores requieren medios de cultivo sintéticos, aminoácidos purificados, energía eléctrica constante y materiales no biodegradables. Además, ninguno de sus subproductos devuelve fertilidad al suelo ni reinyecta nutrientes al ecosistema. Donde el animal produce humus, la fábrica produce residuos industriales.

Por otro lado, los sistemas intensivos modernos de producción animal —donde el estiércol se acumula como desecho y no como fertilizante— reproducen la misma lógica lineal de desperdicio. El problema, por tanto, no es el animal, sino la pérdida del principio circular que lo hacía sustentable.

Recuperar el aprovechamiento integral implica reentender el cuerpo del animal como un ecosistema entero: carne, grasa, piel, hueso, sangre, vísceras, orina, estiércol. Sólo así el sistema vuelve a ser regenerativo.

8.7. Dimensión cultural y social

El uso completo del animal no sólo tiene un sentido ecológico: tiene un sentido cultural y ético. En la mayoría de las tradiciones pastoriles, el sacrificio del animal iba acompañado de rituales de agradecimiento. Cada parte del cuerpo tenía un destino noble:

- Las vísceras para los ancianos.
- La grasa para las lámparas.
- La piel para las tiendas.
- Los huesos para los instrumentos o para volver al suelo.

El respeto no era sentimental, sino funcional y simbiótico. El aprovechamiento total expresaba una comprensión profunda de la interdependencia entre lo vivo y lo muerto. Consumir carne era participar del ciclo solar; desperdiciarla, profanarlo.

Hoy, en cambio, la industria alimentaria desecha hasta el 40 por ciento del peso animal y la sociedad urbana esconde las vísceras por «repulsión cultural». Esa pérdida de contacto directo con la anatomía ha creado una moralidad invertida: se percibe como «violento» al que mata para comer, pero no al sistema que desecha toneladas de cuerpos invisibles cada día. Reaprender el aprovechamiento total es también reaprender el respeto.

Esta forma de aprovechamiento puede evitar también el transporte de materias primas importadas y revitaliza la economía rural. Porque el verdadero parámetro de sostenibilidad no es la «emisión» aislada, sino la capacidad del sistema para regenerar más de lo que extrae. Y en eso, el animal de pasto, bien manejado y aprovechado integralmente, es insuperable.

8.8. Filosofía del aprovechamiento total

Aprovechar todo no es sólo una cuestión de eficiencia material: es una ética de reciprocidad. En la naturaleza no existe el residuo, cada molécula cumple un destino.

El ciclo de la vida es una espiral de transformaciones en la que la muerte alimenta la vida siguiente. El animal, en este sentido, es un símbolo de circularidad perfecta: nace del suelo, se nutre del sol convertido en hierba, crece, devuelve fertilidad y finalmente se reintegra en todas sus formas. Negar ese ciclo —ya sea mediante el desperdicio, la producción sintética o el consumo desvinculado— es negar la lógica fundamental de la biosfera.

El Regetarianismo propone rescatar esta visión: comprender que cada tejido animal tiene un propósito ecológico y humano, y que la sostenibilidad no se mide sólo en emisiones, sino en coherencia metabólica. El verdadero progreso no está en fabricar carne en laboratorio, sino en usar con sabiduría lo que la vida ya produce naturalmente.

Cuando se observa con perspectiva ecológica, el animal de pasto es una infraestructura viva, fabrica suelo, recicla nutrientes, alimenta humanos, provee materiales y energía, y mantiene el equilibrio del paisaje. No hay sustituto tecnológico capaz de reproducir esa complejidad. Aprovecharlo integralmente no es explotación: es colaboración con la biología. Es reconocer que cada fibra, grasa, hueso y excreta tiene una función dentro del sistema planetario. El error moderno no fue comer carne, sino romper el ciclo que convertía esa carne en parte del tejido del mundo.

En el futuro sostenible, no habrá animales invisibles ni residuos inútiles. Habrá ecosistemas de reciprocidad, donde cada parte vuelva a tener sentido, donde la comida y el paisaje sean una misma cosa. Y en el centro de ese sistema estará de nuevo el animal solar, ese transformador humilde que convierte lo no comestible en abundancia, recordándonos que la verdadera sostenibilidad no se fabrica: se pastorea.

9

La ética de comer carne

Hablar de alimentación es hablar de moral. Durante mucho tiempo creímos que el debate sobre la comida podía resolverse desde la ciencia o la nutrición, con calorías, macros y densidad de nutrientes. Pero, tarde o temprano, toda conversación sobre lo que comemos nos lleva al terreno de lo que consideramos «bueno» o «malo», «correcto» o «incorrecto». Comer, en última instancia, es una declaración ética.

En este capítulo abordaremos el dilema moral más incómodo de la modernidad, ¿es ético comer carne? La respuesta fácil es no, pero la respuesta humana es más compleja. Porque lo que está en juego no es sólo el sufrimiento de los animales, sino la relación entre el ser humano, la tierra y la vida misma.

Hemos heredado un pensamiento moral que asocia el bien con la limpieza y el mal con la sangre. Esto nos lleva a una ética del consumo construida sobre la negación de la muerte, una ética que no busca comprender la naturaleza sino eliminarla del horizonte. Pero toda moral que niega la biología está condenada a volverse contra la vida.

El propósito de estas páginas no es justificar la crueldad, ni negar los abusos industriales, ni trivializar el sufrimiento animal. Es más ambicioso e incómodo: reconciliar la ética con la realidad ecológica, recordando que la vida no es un contrato moral, sino un ciclo de transformación. Porque comer carne no es un acto inmoral en sí mismo, sino que puede serlo o no según el modo en que se cría, se mata y se comprende.

El reto, entonces, no es prohibir la carne, sino aprender a comerla éticamente.

9.1. Ética, biología y el espejismo del «menor daño»

Durante siglos, las culturas humanas han entendido que el alimento es un vínculo sagrado entre el cuerpo y el mundo. El cazador pedía perdón al animal antes de matarlo. El agricultor enterraba parte de la cosecha en señal de gratitud. El acto de comer implicaba conciencia, reciprocidad y pertenencia.

Pero el mundo moderno ha perdido ese lenguaje simbólico. Comer se ha convertido en un acto automático, sin historia, sin culpa ni gratitud. Y en ese vacío moral ha aparecido una nueva religión, la del «menor daño». Según esta creencia, la virtud reside en no matar. El bien puede definirse como abstención, si uno evita la carne, evita el sufrimiento, y con ello se acerca a una forma superior de moralidad.

Sin embargo, la biología no funciona con absolutos. La vida necesita muerte, y la muerte nutre la vida. Cada célula, cada raíz y cada animal es parte de un ciclo que transforma la materia de un cuerpo en otro. Pensar que podemos salir de ese ciclo sin consecuencias es una fantasía urbana, hija de un mundo que ya no toca la tierra.

El argumento del «menor daño» falla porque confunde intención con resultado. El hecho de no matar directamente no implica no causar muerte. Un campo de trigo, aparentemente inocente, es también un campo de cadáveres invisibles, ratones triturados por las cosechadoras, aves atrapadas, insectos envenenados, lombrices asfixiadas por los químicos, etc. La diferencia con la ganadería regenerativa es que en el cultivo industrial el sacrificio está oculto, disperso, sin rostro. Nadie mira al animal morir, pero mueren miles.

La verdadera pregunta ética no es si podemos vivir sin causar daño —no podemos—, sino qué tipo de relación queremos tener con ese daño. ¿Una relación negada, delegada a máquinas y pesticidas? ¿O una relación consciente, visible, integrada en un ciclo de respeto y agradecimiento?

Lo que define la moral no es la eliminación del acto, sino la conciencia que lo acompaña. Y en ese sentido, criar, cuidar y sacrificar a un animal con respeto puede ser más ético que alimentarse de un sistema vegetal que destruye ecosistemas enteros.

9.2. La falsa dicotomía: matar o cuidar

Uno de los mayores errores del pensamiento moderno es creer que cuidar y matar son opuestos. Esta dicotomía, tan arraigada en el imaginario contemporáneo, revela hasta qué punto hemos perdido el contacto con la naturaleza. Para el pastor y el cazador, cuidar y matar formaban parte del mismo ciclo. El animal era respetado, alimentado, protegido y, llegado el momento, ofrendado. La gratitud sustituía a la culpa. El sacrificio no era violencia, sino reciprocidad.

Hoy, sin embargo, hemos construido una moral que asocia el bien con la abstinencia. El no hacer parece más virtuoso que el hacer. Pero la naturaleza no entiende de inacción: sólo de equilibrio. Cuidar no significa negar la muerte, sino asegurar que la vida previa a ella haya merecido ser vivida. Una vaca criada en pastos libres, bajo el sol, con espacio, alimento natural y cuidados, ha tenido una vida infinitamente más digna que los millones de animales salvajes que mueren de hambre, frío o depredación. Y su muerte, rápida y sin sufrimiento, cierra un ciclo que alimenta a otros seres.

Lo inmoral no es la muerte en sí, sino la indiferencia. Lo inmoral es la industrialización del sufrimiento, la mecanización del sacrificio, la negación del vínculo entre quien mata y quien come. Cuando un humano deja de ver lo que hay detrás de su alimento, deja también de comprender su lugar en el mundo. Por eso, la ética no consiste en evitar la muerte, sino en mirarla de frente, reconocerla y participar en ella con respeto. La moral moderna, al querer eliminar el acto, ha eliminado también el sentido. Y en ese vacío espiritual, la comida se ha convertido en una mercancía, en un simulacro de nutrición que pretende sustituir la vida por la ausencia de culpa.

9.3. El argumento ético desequilibrado

El discurso que demoniza la ganadería parte de una preocupación legítima: el maltrato animal en los sistemas industriales. Pero de esa denuncia necesaria se ha pasado a una condena total: la idea de que toda ganadería es explotación y que todo consumo de carne es inmoral. Esa generalización no sólo es injusta, también es ecológicamente falsa. La ganadería no implica necesariamente sufrimiento.

No toda vida animal bajo cuidado humano es vida de dolor. Ésta es una verdad que cuesta aceptar en un mundo en el que el discurso dominante ha confundido toda forma de domesticación con opresión. Sin embargo, el cuidado no es esclavitud. La interdependencia no es explotación. En los sistemas regenerativos —los que buscan imitar los ritmos de la naturaleza, no imponerles un diseño— los animales viven en condiciones que muchas veces superan en bienestar a las de la vida salvaje. Allí, las vacas, ovejas o cabras no son piezas de una fábrica, son parte de un ecosistema vivo. Pasan sus días al aire libre, siguiendo los ciclos del sol, moviéndose en rebaños que estimulan la regeneración del pasto y la fertilidad del suelo. No viven confinadas ni forzadas a comer lo que su biología rechaza. Pueden descansar bajo la sombra de los árboles, socializar, cuidar de sus crías, oír los sonidos naturales que su especie ha escuchado durante milenios.

Su presencia, lejos de ser una carga ecológica, se convierte en una forma de restauración. El día que mueren, lo hacen en condiciones radicalmente diferentes a las de un animal salvaje. No los mata el hambre, ni el frío, ni la agonía prolongada de una enfermedad no atendida. No conocen el terror de la persecución ni el sufrimiento inútil. Su muerte es rápida, contenida, acompañada por manos humanas que no los desconocen. Y con su carne alimenta a quienes los cuidaron, cerrando un ciclo de reciprocidad que tiene raíces tanto biológicas como espirituales. Su cuerpo pasa a formar parte de la comunidad, del suelo, del ecosistema.

En ese contexto, la muerte deja de ser un acto violento y se convierte en un acto de continuidad. El animal no muere «para» nosotros, muere «con» nosotros, dentro de un ciclo común. Y eso transforma por completo el sentido ético del sacrificio. El sufrimiento, por supuesto, nunca desaparece. Está presente en toda forma de existencia, desde el insecto que huye del frío hasta el ser humano que teme perder lo que ama. Pero el sufrimiento puede mitigarse, y ése es precisamente el núcleo moral de la ganadería regenerativa. No se trata de negar la muerte ni de ocultarla, se trata de hacerla digna.

Una vaca criada en libertad, alimentada con pastos vivos, cuidada por manos que la conocen desde su nacimiento, ha tenido una vida plena. Su experiencia no se limita a un fin, sino a un conjunto de días buenos, sol, aire, alimento, compañía y descanso. Comparada con la existencia de la mayoría de los animales salvajes —acechados por la sed, las heridas, los parásitos o el miedo constante— su vida ha sido, objetivamente, mejor. La ganadería bien hecha no es un sistema de explotación, sino una forma de simbiosis, el humano se convierte en guardián de la tierra a través del cuidado del animal. Su tarea no es extraer, sino acompañar procesos naturales, amplificarlos, protegerlos del desequilibrio.

Esa reciprocidad rompe el mito del dominio. El ganadero regenerativo no se siente dueño, sino parte de un ciclo. Sabe que cada cría nacida es también una responsabilidad, y que cada muerte representa un acto de devolución. La ética del cuidado, en ese contexto, no es sentimentalismo, sino comprensión profunda de la interdependencia. El objetivo no es eliminar el dolor —algo imposible en la naturaleza—, sino reducirlo, canalizarlo y transformarlo en continuidad. El sufrimiento, cuando se reconoce y se alivia, deja de ser absurdo y se vuelve parte de la armonía del mundo.

Así, la ganadería regenerativa no busca domesticar la vida, sino acompasarse con ella. No busca negar la muerte, sino enseñar a morir bien, del mismo modo que enseña a vivir bien. Ésa es su ética silenciosa, una en la que el ser humano vuelve a su papel original de cuidador del ciclo, no de su verdugo ni de su redentor.

9.4. La naturaleza no es un santuario

La idea de que la naturaleza «libre» es un paraíso sin sufrimiento es una fantasía moderna, una proyección romántica nacida de la distancia. La mayoría de las personas que defienden ese mito no han pasado una noche a la intemperie ni han visto de cerca lo que realmente ocurre en los ecosistemas cuando el sol cae. El mundo natural no es un jardín armónico de criaturas felices; es una red de tensiones, de hambre, de competencia, de frío, de miedo y de lucha constante por la supervivencia.

En la naturaleza, la muerte es la regla, no la excepción. Cada nacimiento está ya inscrito en una cadena de predadores y presas. Las crías mueren de hipotermia antes de ver su primer amanecer; los débiles son abandonados por su grupo o devorados en segundos; los heridos agonizan durante días, presa de las infecciones o de la lentitud. Las estaciones marcan su sentencia; un invierno más largo, una sequía más intensa o un cambio en la disponibilidad de alimento bastan para borrar poblaciones enteras. Eso también es naturaleza.

El equilibrio ecológico no se sostiene sobre la ausencia de dolor, sino sobre la integración del dolor dentro del ciclo de la vida. El sufrimiento no desaparece, pero cumple una función; selecciona, equilibra, transforma. Las especies evolucionan porque existe la dificultad. El depredador mantiene sano al rebaño al eliminar a los enfermos; la escasez estimula la adaptación; el miedo afina los sentidos. Cada tragedia biológica es también un acto de renovación. Por eso, idealizar la «vida salvaje» como un estado de pureza moral es desconocer la biología. La naturaleza no tiene ética, ni propósito, ni sentimentalismo. Opera con la frialdad del equilibrio. Y ese equilibrio —cruel a nuestra mirada humana— es el que sostiene toda posibilidad de vida en el planeta.

Nosotros, en cambio, hemos desarrollado la capacidad de mitigar el sufrimiento. Somos la única especie capaz de observar el dolor ajeno y decidir aliviarlo. Eso nos confiere una responsabilidad única; no negar la muerte, sino mejorar las condiciones de la vida que la precede. Criar animales en sistemas equilibrados no contradice la naturaleza; la amplía, la humaniza, la hace más consciente. La compasión mal entendida, en cambio, pretende eliminar el conflicto natural, borrar el dolor, hacer del mundo un escenario sin muerte. Pero un mundo sin muerte no sería más ético; sería un mundo muerto. Porque sin muerte no hay renovación, ni fertilidad, ni posibilidad de continuidad. Las hojas que caen del árbol y se pudren en el suelo son el alimento del siguiente ciclo; lo mismo ocurre con cada cuerpo que regresa a la tierra.

La visión moderna, distorsionada por la urbanización y la virtualidad, ha separado la idea de naturaleza de la realidad ecológica. El ser humano observa la vida silvestre como un espectáculo desde la pantalla, editado y acompañado de música emocional. Ve ciervos pastando, pero no escucha los gritos del bosque cuando llega el invierno. Olvida que la belleza del mundo no se debe a su inocencia, sino a su complejidad. Por tanto, la pregunta ética no debería ser «¿es natural comer animales?», como si la naturaleza fuera una autoridad moral externa, sino «¿es responsable la forma en que lo hacemos?». Porque «natural» no siempre significa «bueno». El infanticidio, la enfermedad o la inanición son naturales en los ciclos animales. Ser humano significa participar del ciclo con conciencia. Podemos intervenir, sí, pero con respeto; transformar, sí, pero sin arrogancia; comer animales, sí, pero asumiendo que cada bocado lleva consigo una deuda.

El error no está en actuar, sino en olvidar que actuamos dentro de un sistema vivo del que dependemos. Por eso, la ética no consiste en retirarse del mundo como si fuésemos intrusos, sino en volver a habitarlo con humildad. No se trata de ser «más naturales», sino de ser más responsables. Y la responsabilidad empieza cuando comprendemos que el dolor no es un enemigo que debemos erradicar, sino una verdad a integrar, una parte del equilibrio que hace posible la vida misma.

9.5. El activismo como espejo del mensajero

El activismo vegano contemporáneo refleja una tensión social más profunda: la búsqueda de pureza en una civilización que ya no confía en sí misma. La dieta se convierte en identidad; la moral, en consumo. El alimento ya no nutre: absuelve. El problema no es la compasión, sino la rigidez moral que la acompaña. Quien cree haber alcanzado el nivel moral superior pierde la capacidad de escuchar.

Por eso, los discursos que buscan erradicar la ganadería no dialogan, hacen algo increíble: excomulgan. Joel Salatin, agricultor regenerativo, lo resumió con elegancia: «Si los veganos me permiten criar la comida que quiero para mi familia, yo me comprometo a cultivar también la que ellos quieran para las suyas».

Esa reciprocidad —ese respeto por la diversidad de elecciones éticas— es el suelo en que podría florecer un verdadero entendimiento.

9.6. Los derechos animales como proyección humana

Reconocer sensibilidad no equivale a otorgar derechos humanos. Esta distinción, aunque parece obvia, ha sido olvidada en la conversación moral contemporánea. La sensibilidad —la capacidad de sentir placer, dolor, miedo o bienestar— es una característica biológica compartida por millones de especies. Los derechos, en cambio, son una invención cultural, un acuerdo simbólico que surge de la razón, del lenguaje y de la conciencia reflexiva. Confundir ambos planos conduce a una forma de idealismo moral en el que las emociones sustituyen al pensamiento y la compasión mal entendida se convierte en dogma.

Otorgar al animal la misma categoría moral que al hombre es una forma de antropocentrismo invertido. Seguimos siendo el centro, incluso cuando fingimos renunciar a ese papel. Porque al intentar «humanizar» a los animales, lo que hacemos no es comprenderlos, sino proyectar sobre ellos nuestras emociones, miedos y culpas. Los tratamos como versiones imperfectas de nosotros mismos, midiendo su valor según parámetros humanos —inteligencia, lenguaje, empatía— y olvidando que su forma de existir no necesita nuestra validación moral.

El animal no teme la muerte como nosotros y, precisamente por eso, su sufrimiento debe entenderse en otros términos. El miedo humano a morir nace de la imaginación, de la capacidad de anticipar, de proyectar un futuro que aún no existe, de recordar un pasado y compararlo con lo que podría venir. El animal no vive en ese tiempo abstracto. Su conciencia es inmediata, sensorial, rítmica, atenta sólo al presente. Cuando siente dolor, lo siente plenamente; pero cuando desaparece, también desaparece con él. No arrastra angustia, no construye historias, no se pregunta por el sentido. Su sufrimiento es real, pero no existencial.

Por eso, una muerte rápida y sin dolor —precedida por una vida buena— no es un mal absoluto. No hay injusticia en ella si la vida que la antecede ha sido plena, libre y coherente con su naturaleza. El problema no es morir, el problema es vivir sin bienestar. Negarles una vida digna, negarles el sol, el espacio, la socialización, la alimentación natural; eso sí es una injusticia. El error de gran parte del pensamiento moderno es confundir la igualdad ontológica con la igualdad moral. Todas las formas de vida son sagradas en el sentido de que sostienen la trama del mundo, pero no todas poseen la misma capacidad de elección ni la misma conciencia del dolor. Humanizar al animal es, en cierto modo, despojarlo de su propia alteridad, imponerle nuestras categorías en lugar de intentar comprender las suyas.

La ética ecológica no se construye sobre la equivalencia, sino sobre la interdependencia. El ciervo y el lobo no son iguales, pero se necesitan. El suelo, el gusano y el ave cumplen funciones distintas y complementarias. Ninguno es «superior» en el sentido moral; simplemente, cada uno ocupa un lugar en el equilibrio. La tragedia de nuestra época es haber olvidado ese orden relacional y sustituirlo por jerarquías ideológicas que no existen en la naturaleza. El reconocimiento de la sensibilidad animal debería inspirarnos respeto, no culpa. Respetar no es igualar. Respetar es comprender que cada ser vivo tiene un modo propio de estar en el mundo y que nuestra responsabilidad es no distorsionarlo innecesariamente. Por eso, criar animales con bienestar, ofrecerles un entorno acorde a sus instintos, y permitirles una muerte sin sufrimiento no es una violación de su dignidad, sino una forma de honrarla.

Los animales no necesitan derechos humanos; necesitan condiciones naturales. No precisan tribunales, sino hábitats; no demandan discursos, sino coherencia, coherencia evolutiva. Su bienestar no depende de nuestros manifiestos morales, sino de nuestras acciones concretas. El derecho humano es abstracto; el bienestar animal es tangible. Podemos prometer igualdad en un texto legal, pero si seguimos destruyendo los ecosistemas que los sustentan, habremos fallado en lo esencial. Cuando comprendemos esto desaparece la arrogancia de querer «salvar» a los animales del mundo natural. No necesitan ser salvados de la naturaleza, sino de nuestra desconexión de ella. La ética verdadera no consiste en elevarlos a nuestra categoría, sino en descender al terreno común donde la vida se reconoce a sí misma como parte de un ciclo.

El animal no busca redención. No tiene religión, ni moral, ni culpa. Su vida no necesita justificarse, simplemente es. Y ahí radica su pureza. No porque esté libre de violencia, sino porque no finge ser otra cosa. No pretende inocencia, ni virtud, ni dominio. Actúa, siente, reacciona, se entrega al flujo de la existencia sin resistencia. El ser humano, en cambio, vive desgarrado entre la biología y la conciencia. Ésa es nuestra bendición y nuestra condena. Por eso, nuestra tarea ética no consiste en negar lo animal, sino en integrarlo dentro de una conciencia más amplia. Reconocer el valor de la vida sin idolatrarla, aceptar la muerte sin glorificarla, cuidar sin domesticar en exceso, y matar —cuando sea necesario— con respeto y responsabilidad.

Así entendida, la ética no busca imitar la naturaleza ni abolirla, sino reconciliar la sensibilidad con la razón. Comprender que el sufrimiento debe reducirse, sí, pero que la vida no puede existir sin transformación. Y que transformar inevitablemente implica tomar y devolver. El verdadero mal no está en el acto de comer carne, sino en hacerlo sin conciencia. El verdadero bien no está en evitar la muerte, sino en dar sentido a la relación que tenemos con ella. Porque lo que distingue al ser humano no es su capacidad de matar, sino su capacidad de honrar lo que mata.

9.7. El veganismo no elimina el daño, lo redistribuye

La violencia invisible se ha convertido en la forma más aceptada de violencia. No hay culpa cuando no hay escena, y la agricultura industrial ha aprendido a borrar las escenas. Donde antes había relación, ahora hay logística; donde había sacrificio, ahora hay desinfección. Una sola vaca alimentada con pasto puede nutrir a una familia durante meses. Su vida —larga, visible, biológicamente integrada— se traduce en alimento, abono y fertilidad. En cambio, lograr el mismo aporte nutricional exclusivamente con vegetales requiere arar, sembrar, fumigar y cosechar cientos de metros cuadrados de tierra, multiplicando por mil el número de muertes y el nivel de destrucción ecológica. El cálculo del «menor daño» se vuelve entonces una falacia contable: se eliminan las muertes grandes y se multiplican las pequeñas, como si las segundas importaran menos.

El ideal vegano, en su versión más ingenua, ignora además que la agricultura sin animales no puede sostenerse a largo plazo. Los suelos sin estiércol pierden su estructura, su fertilidad y su capacidad de retener carbono y agua. La tierra se empobrece, los microorganismos mueren y es necesario recurrir a fertilizantes sintéticos fabricados con gas natural para mantener los rendimientos. Paradójicamente, el intento de «comer sin crueldad» conduce a una mayor dependencia del petróleo y a una mayor destrucción de los ecosistemas que permiten la vida. Esta frase, aunque incómoda, encierra una verdad biológica que rara vez se admite en los debates morales contemporáneos: toda producción de alimento implica muerte. La diferencia no está en si hay víctimas, sino en cuántas, en cómo mueren y en si somos capaces de asumirlo.

Cada hectárea de monocultivo vegetal es un escenario de sacrificio invisible. Los arados destruyen madrigueras enteras; las cosechadoras trituran ratones, conejos y aves que anidan en el campo; los pesticidas envenenan insectos, ranas y reptiles; los herbicidas eliminan toda flora secundaria que sirve de refugio a miles de especies. Millones de vidas pequeñas se pierden para que una minoría pueda comer sin «culpa». El daño no desaparece cuando se deja de comer carne; simplemente se oculta tras la maquinaria. La agricultura industrial moderna —incluso la destinada a alimentar a los humanos directamente— ha sustituido la relación visible entre quien mata y quien come por una cadena de destrucción silenciosa. Cada saco de harina, cada litro de aceite, cada legumbre importada lleva consigo un coste ecológico: hábitats arrasados, especies desplazadas, suelos esterilizados, agua contaminada. El problema ético no es sólo el sufrimiento animal directo, sino la destrucción sistémica y sistemática de la vida invisible.

Los números, aunque fragmentarios, son contundentes. En un solo año, la cosecha de cereales de una región templada puede matar más animales —directa o indirectamente— que todas las cabezas de ganado sacrificadas en esa misma zona.[17, 18, 19] Estudios agronómicos han calculado que por cada hectárea de cultivo intensivo se pierden cientos de pequeños mamíferos y aves, además de innumerables invertebrados. Cada kilo de soja, trigo o arroz implica muertes no contadas, porque la estadística sólo registra la producción, no las consecuencias.[20, 21] Y, sin embargo, la conciencia moral del consumidor moderno se siente tranquila porque no ve sangre.

Los defensores de una dieta exclusivamente vegetal suelen argumentar que «matar menos animales» es siempre preferible, pero esa comparación rara vez tiene en cuenta la

17. Davis, Steven L., «The least harm principle may require that humans consume a diet containing large herbivores, not a vegan diet», *Journal of Agricultural and Environmental Ethics*, 16, 4 (2003), pp. 387-394.

18. Fischer, Bob, y Lamey, Andy, «Field deaths in plant agricultura», *Journal of Agricultural and Environmental Ethics*, 31, 4 (2018), pp. 409-428.

19. Archer, Mike, «The vegetarian dilemma», Universidad de Nueva Gales del Sur en Sídney, 16 de diciembre de 2011, <https://www.unsw.edu.au/newsroom/news/2011/12/the-vegetarian-dilemma>.

20. Fischer, Bob, y Lamey, Andy, art. cit.

21. Hampton, Jordan O., *et al.*, «Animal harms and food production: informing ethical choices», *Animals*, 11, 5 (2021), p. 1225, <https://pubmed.ncbi.nlm.nih.gov/33922738/>.

calidad del sufrimiento. Hemos confundido el tamaño con la importancia moral. Y ese sesgo perceptivo es lo que sostiene la ilusión de la «comida sin daño».

A ello se suma otro fenómeno: la externalización moral. Cuando compramos una hamburguesa vegetal, creemos haber hecho una elección ética. Pero rara vez preguntamos quién cultivó la soja, en qué condiciones laborales, con qué pesticidas, sobre qué suelo antes fértil. La responsabilidad se diluye a lo largo de una cadena global en la que el sufrimiento se reparte entre el planeta y los invisibles. El consumidor «ético» de Occidente se convierte así, sin saberlo, en beneficiario de la devastación ajena. El verdadero problema del veganismo industrial no es la compasión, sino la abstracción moral. Reduce la ética a una etiqueta, a un gesto simbólico, a una ilusión de pureza desconectada del proceso real. Y esa desconexión permite a las grandes corporaciones apropiarse del discurso moral para vender sus productos como si fueran actos de salvación.

Pero la ética no se mide por ingredientes, sino por relaciones. Un huevo de gallina libre, un trozo de carne de pasto o un pescado capturado de forma responsable pueden ser moralmente más puros —en el sentido de coherencia ecológica— que cualquier sustituto procesado nacido de un monocultivo industrial. No por nostalgia o tradición, sino por proporción de daño y reciprocidad. La agricultura regenerativa, en cambio, integra a los animales en el ciclo de la vida. Sus muertes son parte del proceso natural, y su presencia reduce los daños colaterales: no hay pesticidas, no hay herbicidas, no hay necesidad de maquinaria destructiva. El rebaño reemplaza al tractor; el estiércol reemplaza al fertilizante químico; la biodiversidad reemplaza al monocultivo.

Por eso, la pregunta ética no puede reducirse a «¿Comemos animales o no?», sino a algo mucho más honesto: «¿Cuánta vida destruimos para sostener la nuestra? ¿Somos conscientes de ello?». Negar la muerte no la elimina. Sólo la disfraza. Y al disfrazarla, perdemos la posibilidad de transformarla en algo sagrado. En última instancia, el veganismo moderno no es un movimiento contra la crueldad, sino contra la visibilidad del dolor. Prefiere el sufrimiento invisible al sacrificio consciente; prefiere la inocencia ficticia a la responsabilidad real. Sin embargo, una ética que se sostiene sobre el autoengaño no es ética, sino estética. La moral del futuro no será la de los que pretendan evitar toda muerte, sino la de los que aprendan a convivir con ella sin crueldad. Porque sólo quien acepta la muerte puede cuidar verdaderamente la vida.

Ganadería regenerativa y respeto por la vida: una visión ética y científica

En los últimos años, la ganadería regenerativa ha emergido como una alternativa integral a los modelos convencionales de producción animal. Más allá de su impacto ambiental positivo —como la mejora del suelo y la captura de carbono—, este enfoque propone una reconfiguración moral del vínculo entre humanos, animales y ecosistemas. La evidencia científica disponible sugiere que, cuando se aplica correctamente, este modelo no sólo beneficia al ambiente, sino que reduce el sufrimiento y la mortalidad animal, generando sistemas más armónicos y sostenibles.

Un estudio comparativo realizado por Ferguson y colaboradores en Chiapas, México, demostró que los ranchos manejados con principios holísticos reportaron menor mortalidad de vacas y terneros que los ranchos convencionales.[22] Este dato, aunque cuantitativo, encierra una profunda implicación

22. Ferguson, B. G., *et al.*, «Sustainability of holistic and conventio-

ética: cuando los animales viven en entornos más equilibrados, en los que se respeta su comportamiento natural y se prioriza la salud del ecosistema, también mejora su bienestar y expectativa de vida.

De forma complementaria, la revisión sistemática de Hargreaves-Méndez y Hötzel sugiere que las prácticas regenerativas, al promover suelos más saludables y pasturas más diversas, contribuyen indirectamente a la nutrición y salud de los animales, reduciendo las enfermedades asociadas al estrés, al confinamiento y a la sobrecarga química. Aunque la literatura aún carece de datos exhaustivos sobre mortalidad, los indicios apuntan a una correlación positiva entre manejo regenerativo y bienestar animal.[23]

En el Reino Unido, el informe de la Pasture-Fed Livestock Association de 2018 también mostró una menor mortalidad de corderos y una reducción de enfermedades metabólicas en sistemas basados exclusivamente en pasturas naturales.[24] Estos resultados respaldan una premisa ética fundamental: la producción responsable no necesita estar reñida con la compasión. Cuidar del suelo y de los animales simultáneamente no es una contradicción, sino una forma avanzada de inteligencia ecológica.

Desde una perspectiva moral, la ganadería regenerativa plantea un cambio de paradigma: el animal deja de ser un recurso y vuelve a ser un ser vivo con valor intrínseco. Este

---

nal cattle ranching in the seasonally dry tropics of Chiapas, Mexico», *Agricultural Systems*, 120, (2013), pp. 38-48.

23. Hargreaves-Méndez, Matías Javier, y Hötzel, María José, «A systematic review on whether regenerative agriculture improves animal welfare: A qualitative analysis with a One Welfare perspective», *Animal Welfare*, 32, (2023), p. e36.

24. Pasture-Fed Livestock Association (PFLA), «Soil metrics and vegetation data from pasture fed livestock farms across Great Britain, 2018», Environmental Information Data Centre, 19 de noviembre 2025.

modelo implica observarlo no como un medio para la producción, sino como un cohabitante de un sistema vivo que, al estar sano, devuelve equilibrio a la tierra. Las prácticas regenerativas —como el pastoreo rotacional planificado, el respeto por los ciclos naturales y la reducción del estrés animal— se convierten en actos éticos de corresponsabilidad.

En consecuencia, la reducción de muertes no debe interpretarse sólo como un éxito productivo, sino como una manifestación del respeto hacia la vida. Cada animal que vive en mejores condiciones, cada nacimiento que no se pierde por desnutrición o enfermedad, representa una victoria ética y ecológica. La ganadería regenerativa no promete eliminar por completo la mortalidad, pero sí propone minimizar el sufrimiento y restaurar la dignidad del proceso productivo.

Así, la evidencia científica coincide con una reflexión moral más amplia: no puede haber sostenibilidad sin compasión. El bienestar animal no es un lujo ni una concesión sentimental, sino el corazón de un modelo que busca reconciliar la producción con la vida. Cuidar del suelo, del pasto y del animal es, en última instancia, cuidar de nosotros mismos y del planeta que compartimos.

9.8. Desconexión cultural y riesgo del transhumanismo alimentario

En el fondo, la raíz de este impulso no es el amor por los animales, sino el miedo a la naturaleza. Miedo al dolor, a la sangre, al cuerpo, a la mortalidad. Miedo a lo que nos recuerda que somos parte de un mundo vivo que no podemos controlar.

El veganismo extremo y el transhumanismo comparten esa misma aspiración: purificar la existencia de todo rastro de violencia. Uno lo hace desde la dieta; el otro, desde la biotecnología. Ambos quieren reemplazar el mundo natural por un mundo diseñado, donde nada sufra, donde todo sea limpio, medible, programable. Pero la vida, precisamente, se define por lo que no puede ser programada.

La ideología del «cero sufrimiento» lleva a una paradoja moral: para eliminar el dolor, habría que eliminar la vida que lo siente. Y eso, llevado a su extremo lógico, desemboca en un nihilismo disfrazado de compasión. Si todo sufrimiento es intolerable, entonces el único mundo moralmente aceptable sería uno sin vida.

Esa misma lógica ya asoma en discursos públicos y proyectos tecnológicos. Empresas que prometen «carne sin animales», intelectuales que proponen «herbivorizar» a los depredadores o rediseñar la biosfera para reducir el dolor. Es el sueño de un planeta aséptico, donde la naturaleza es vista como un error que debe corregirse.

Pero un mundo sin muerte no sería un mundo más justo; sería un mundo sin significado. Porque el sentido de la existencia humana proviene del reconocimiento de su límite. El dolor, la muerte y la pérdida no son fallos del sistema: son el tejido que nos hace sensibles, compasivos, conscientes. Negar la muerte en nombre de la moral es negar también la vida.

La ética no consiste en erradicar el sufrimiento, sino en darle un sentido. Y ese sentido se construye a través de la reciprocidad: cuidar, alimentarse, dar gracias y devolver. Un sistema alimentario que niega esa reciprocidad es un sistema enfermo, aunque se vista de verde.

El animal, en ese contexto, no es un símbolo de crueldad, sino de pertenencia. Nos recuerda que lo que comemos no viene del vacío, sino de otros seres que nos precedieron.

Por eso, los pueblos que aún mantienen relación con sus animales —ya sea en el pastoreo, en la caza o en la crianza— conservan una sabiduría que la ciudad ha olvidado: que la vida no se protege eliminando la muerte, sino dándole un propósito.

10

En defensa de las viejas despensas

Desiré, mi mujer, es una privilegiada. Su familia vivió —unos por temporadas, otros toda su vida— en un pueblo soriano pegado a Logroño donde la matanza no era una anécdota ni un espectáculo turístico, sino un rito de paso, una economía real y lo que podríamos llamar una pedagogía de la abundancia. En la casa de sus abuelos colgaban los embutidos del techo como guirnaldas sagradas, ahumados en la cocina misma, perfumando paredes, memoria y conversación. Porque, de nuevo, eso es algo que necesitamos nosotros en el entorno de la nutrición y de eso que conocemos como sabias tradiciones.

Yo me quedaba atontado escuchando a su abuela. Cómo contaba lo del tocino curado. Cómo la mantequilla no se compraba, sino que se batía, se moldeaba, se guardaba con sal en cuencos de cobre o barro. También de aluminio, que ciertamente es de las peores opciones. Cómo las manzanas aguantaban hasta el invierno si se sabían colocar bien, separadas, envueltas en papel de estraza, sin apilar. Me contaba y yo escuchaba. Y en ese silencio atento, algo de mí despertaba. Como si esas historias no fueran sólo de su familia, sino también mías, nuestras, de todos los que sin ser ganaderos nos sentimos cercanos a pesar de haber nacido bajo luz de fluorescente.

La seguridad alimentaria no era entonces una cuestión de Estado. Era una cuestión de casa. Las familias sabían guardar, predecir, conservar. La despensa no era un anexo, era el corazón del hogar. Un espacio intermedio entre la tierra y el cuerpo. Allí dormía la comida. En frascos, en queseras, colgada, encurtida, reposada... Nadie hablaba de «resiliencia», simplemente se vivía con sentido.

Hoy, cuando alguien me habla de la importancia de estar preparado, de sobrevivir al colapso, le digo lo mismo: vuelve a la despensa. No al concepto, sino al hecho. Porque la fragilidad moderna se cocina con refrigeradores dependientes de electricidad, estanterías dependientes de camiones, cuerpos dependientes de una red global que no entienden y que podría romperse con un solo chasquido.

Joel Salatin fue quien me ayudó a ver todo esto con una claridad afilada. No sólo con datos o argumentos, sino con ejemplos vividos. Como cuando describe los refugios Powhatan, llenos de humo y carne colgada, literalmente durmiendo bajo tu comida. O cuando narra la matanza del cerdo en su valle, con todos los sentidos encendidos: el olor, el fuego, el cuchillo, la abuela dando órdenes sobre qué órgano va a dónde. Ahí entendí que almacenar comida no es acumular. Es ordenar el tiempo. Es tener un vínculo sensato con la estación, con el ritmo de la vida.

Vivimos en un mundo en el que los botes de kétchup sustituyen a la salsa de tomate casera, los congeladores están llenos de helados y empanados industriales pero no de caldos hechos en casa ni de muslos de pollo en bolsas etiquetadas por mes y las luces led de mil dispositivos sustituyen el resplandor lento de la alacena. Y la mayoría ni siquiera sabría cómo empezar a llenar una. Nadie sabe ya encurtir, ni fermentar, ni secar, ni salar.

No se trata de idealizar el pasado. Se trata de aprender lo que funcionaba. De recuperar la lógica de nuestras abuelas y nuestros bisabuelos, no para vivir como ellos, sino para dejar de vivir como esclavos de una red de distribución que, en cualquier momento, puede fallar. Y cuando falle ya no habrá almacenes de barrio ni gallinas en el patio. Sólo miedo. Sólo pantallas vacías. Sólo la pregunta de siempre: «¿Y ahora qué comemos?».

¿Y sabes qué es lo peor? Que incluso en pueblos donde antes se ahumaba, se fermentaba y se secaba se ha perdido la costumbre. Se ha delegado en fábricas lo que antes se hacía con las manos. Y delegar tu comida es delegar tu vida. Hay quien se ríe de estas ideas. Dicen que son cosas de *hippies*, de *preppers* estadounidenses, de obsesos. Pero esos mismos son los que hacen cola en el súper cuando hay huelga de transportistas o amenaza de nevada. Son los que no sabrían qué hacer si el móvil no cargara o si el banco cerrara.

Cuando una comunidad guarda su comida cerca, vive más tranquila. Lo aprendí viendo las estanterías de mi suegra llenas de tarros. Lo comprendí del todo cuando, por primera vez, hice mi propia conserva de hígado. No era sólo nutrición. Era pertenencia. Era saber que, si todo se rompe, yo todavía puedo dar de comer a mi familia. Porque he aprendido a curar, a encurtir, a conservar.

No necesitas tener una granja para empezar. Basta una alacena y voluntad. Basta con comprar doble en temporada y guardar. Basta con hablar con tu productor local y encargar cinco kilos en lugar de uno. Basta con recuperar el arte de las estaciones, el arte de la paciencia, el arte de preparar hoy lo que vas a necesitar mañana. Quiero que comprendas esto: la comida se piensa, se honra, se guarda. No se tira. No se compra de forma impulsiva ni se vive como si la nevera fuera un oráculo inagotable.

Así que vuelve a la despensa. Vuelve a la matanza. Vuelve al recuerdo de las abuelas batiendo mantequilla con las manos. Vuelve al aroma del humo impregnando el tocino colgado. Vuelve a la tierra. No para imitarla, sino para volver a entender lo que de verdad significa tener comida.

10.1. Entre los alimentos infravalorados: la leche cruda

Hablar de leche cruda hoy puede parecer un acto provocador. Pero durante milenios fue simplemente lo normal. Sin etiquetas, sin procesos industriales, sin enriquecimientos artificiales. La leche se obtenía directamente del animal, en un contexto en el que las vacas pastaban al sol, comían hierba fresca, respiraban aire limpio y eran tratadas con respeto. Esa leche no necesitaba ser «mejorada». Estaba viva. Completa. Íntegra.

Este capítulo no es una recomendación ni una guía de consumo. Es una exposición de hechos, experiencias y conocimientos que miles de personas han compartido tras elegir —bajo su propia responsabilidad— volver a consumir leche cruda de animales sanos y criados de forma natural. Personas como tú, que no lo hacen por nostalgia ni por capricho, sino porque han sentido en su propio cuerpo lo que cambia cuando dejas de temer a lo vivo y vuelves a confiar en lo esencial.

Te hablaré desde ahí. Desde lo que sientes, lo que experimentas, lo que transforma tu fisiología cuando abandonas los prejuicios y vuelves a conectar con un alimento que aún guarda su alma.

10.2. Cuando pruebas leche cruda y escuchas a tu cuerpo

Has vivido suficientes cambios como para saber que las verdades oficiales sobre nutrición suelen tambalearse cuando las llevas a la práctica. Con la leche cruda ocurre eso exactamente. Te han dicho que no aporta beneficios, que es peligrosa, que no merece la pena arriesgarse. Pero basta con vivir una sola temporada en el campo, conocer a quien ordeña con sentido común, y probar esa leche recién obtenida —entera, viva, sin romper— para darte cuenta de que hay algo que no encaja en el relato oficial.

Porque cuando tomas leche cruda de un animal sano, que ha comido pasto real y no piensos, que ha respirado libertad y no encerramiento, tu cuerpo lo nota. Lo nota tu digestión, lo nota tu piel, lo nota tu sistema inmune. Si creciste con ella, es como llevar un escudo invisible. Si vuelves a ella, es como reencontrar una parte olvidada de ti.

No necesitas ningún estudio para darte cuenta de que los niños que toman leche cruda desde pequeños suelen tener menos alergias, menos asma, menos fiebre, menos mocos. Y lo más interesante: ese efecto no empieza con ellos, sino en sus madres, durante el embarazo. Es una información biológica que se transmite antes de nacer.

También conoces historias contrarias: adultos que no toleraban los lácteos, pero que descubren que con la leche cruda no sólo no tienen síntomas, sino que se sienten bien. Porque en esa leche sigue presente la lactasa natural, las proteínas no están desfiguradas por el calor. Porque hay vida en ese líquido. Vida que tu cuerpo reconoce.

10.3. Leche cruda de calidad frente a leche cruda falsa

Aquí hay una distinción crucial. No toda leche cruda es igual. Y no toda es segura. La leche cruda producida en sistemas industriales, donde las vacas están estabuladas, infladas con antibióticos, hormonadas para producir más, viviendo entre estiércol y sin ver la luz del sol..., esa leche no está hecha para ser consumida cruda. Se produce con la intención de ser pasteurizada. Y como tal, puede contener patógenos y residuos tóxicos y ser un riesgo real.

Ésa es la leche cruda falsa. Ésa es la que no debes tomar. Porque no proviene de la vida, sino de la industria. Pero existe otra leche cruda: la que se obtiene con intención deliberada de ser consumida tal cual. La que se ordeña con higiene, con cuidado, con conciencia. De vacas sanas, que pastan libremente, que no reciben hormonas ni antibióticos de forma sistemática, y cuya leche no se mezcla con la de mil granjas distintas. Esa leche se analiza, se conserva adecuadamente y, sobre todo, se respeta desde el origen. Ésa es la leche cruda real. La que no enferma, sino que nutre. La que no intoxica, sino que regula.

10.4. El miedo al microbio frente a la confianza en el terreno

Louis Pasteur defendía que los microbios eran la causa primaria de enfermedad. Antoine Béchamp, en cambio, insistía en que lo importante era el «terreno» interno. Claude Bernard lo resumió todo hablando de homeostasis. Y, como quizá sepas, el propio Pasteur terminó reconociendo que Bernard tenía razón: «El microbio no es nada, el terreno lo es todo».

Bajo esta perspectiva, el miedo que se promueve hacia la leche cruda se diluye. Porque no es el microbio el que enferma, sino un terreno biológico debilitado, un sistema inmune alterado o un alimento mal producido. Si cuidas tu cuerpo y eliges leche cruda de calidad, no hay enfermedad, sino fortalecimiento.

¿Quieres datos concretos?

Tabla 10.1. Nutrientes y factores inmunes en distintos tipos de leche

NUTRIENTES Y FACTORES INMUNES	LECHE MATERNA	LECHE CRUDA DE CABRA O VACA	LECHE PASTEURIZADA DE CABRA O VACA	LECHE DE ALMENDRA PASTEURIZADA	LECHE DE SOJA PASTEURIZADA
Enzimas beneficiosas	Activas	Activas	Inactivas	Ninguna	Ninguna
Probióticos diversos	Activos	Activos	Destruidos	Ninguno	Ninguno
Bacterias productoras de lactasa	Activas	Activas	Destruidas	Ninguna	Ninguna
Grasas saludables	Activas	Activas	Dañadas	Dañadas	Dañadas
AA, CLA, DHA, EPA	Activas	Activas	Dañadas	Ninguna	Ninguna
Proteínas	Activas	Activas	Dañadas	Dañadas	Dañadas
Vitaminas biodisponibles	Activas	Activas	Reducidas	Alteradas	Alteradas
Calcio biodisponible	Activo	Activo	Inhibido	Inhibido	Inhibidso
Fósforo biodisponible	Activo	Activo	Inhibido	Alterado	Alterado
Inmunoglobulinas IgA/IgG	Activas	Activas	Destruidas	Ninguna	Ninguna

Fuente: Elaboración propia.

- *Listeria*: el brote más grave en España no fue causado por leche cruda, sino por carne industrial en 2019, en Andalucía.
- *Salmonella*: la leche cruda contiene defensas naturales como lactoperoxidasa (que inhibe la salmonela) y lactoferrina (que bloquea patógenos y promueve probióticos). Y lo dice la AESAN, no un blog de salud alternativa.[25]
- *E. coli*: según el informe del Instituto de Salud Carlos III, los casos más graves no estuvieron vinculados a leche cruda, sino a carne contaminada, agua y contacto con animales.

El mensaje, por tanto, no debería ser «teme a la leche cruda», sino «cuida tu inmunidad y elige bien la fuente de tus alimentos».

10.5. Lo que tu sistema inmune escucha

Lo más importante de esta historia ocurre dentro de ti, a un nivel que no ves. Cuando tomas leche cruda, tu sistema inmunitario recibe señales que no están presentes en la leche industrial. No sólo nutrientes: comunicación molecular. MicroARN, inmunoglobulinas, enzimas activas y bacterias beneficiosas. Es un alimento que habla con tu cuerpo y lo hace desde la coherencia evolutiva.

Sabes que tu intestino y tu sistema inmune están profundamente conectados. Pues bien, cuando consumes leche

25. Agencia Española de Seguridad Alimentaria y Nutrición (AESAN), <https://www.aesan.gob.es/AECOSAN/docs/documentos/seguridad_alimentaria/evaluacion_riesgos/informes_comite/LACTOPEROXIDASA_FRUTAS_HORTALIZAS.pdf>.

cruda desde pequeño, o incluso desde el embarazo si tu madre lo hacía, tu cuerpo aprende a vivir en tolerancia con el entorno. Menos alergias. Menos autoinmunidad. Más inteligencia inmunitaria.

Incluso hay quien dice que esta leche favorece las células T reguladoras, que son las que impiden reacciones exageradas del sistema inmune. Y aunque no lo veas en un microscopio, lo notas: menos mocos, mejor piel, menos infecciones y más calma digestiva.

10.6. Leche viva frente a producto muerto

Ahora compáralo con la «leche» del supermercado. Un fluido blanco, estéril, desnaturalizado, fortificado porque ya no queda nada dentro. La pasteurización destruye enzimas, inactiva la lactasa, rompe la estructura de las proteínas, elimina bacterias aliadas y después te dicen que la leche te sienta mal. Claro que te sienta mal: no es leche, es su parodia. No es que tú seas intolerante. Es que lo que te dan no es tolerable. Porque no contiene vida. Porque ha sido calentada, homogeneizada, transformada en algo que no reconoce tu fisiología.

En cambio, la leche cruda no necesita ser tolerada. Se integra. Porque es coherente. Porque es ancestral. Porque viene con su propio sistema de digestión incorporado: lactasa, lipasa, proteasa, bacterias, minerales, vitaminas naturales. Y eso tu cuerpo sí lo entiende.

La medicina lo sabía: la terapia láctea olvidada

Entre 1893 y 1999, la Asociación Americana de Comisiones Médicas de Leche certificaba la leche cruda como segura y terapéutica. No sólo se consumía, se recetaba. Se usaba en hospitales. El Dr. J. R. Crewe, fundador de la Clínica Mayo, trató con leche cruda a miles de pacientes con afecciones tan dispares como enfermedades cardiovasculares, diabetes, tuberculosis, psoriasis, insuficiencia renal o asma. La receta era simple: reposo y varios litros de leche cruda de vacas de pasto al día.

También el Dr. Charles Porter y Bernarr Macfadden defendieron este enfoque. Documentaron casos de infertilidad resuelta, edemas disueltos, digestiones reparadas, incluso tumores estabilizados.[26, 27] ¿Fue sólo la leche? Tal vez no. Pero fue parte fundamental del proceso, porque ofrecía al cuerpo un alimento completo, asimilable, repleto de información biológica útil.

¿Y por qué se abandonó esta práctica? La Fundación Weston A. Price lo explica: por un lado, la industrialización cambió la leche (piensos, establos, pasteurización obligatoria). Por otro, los tratamientos naturales no eran rentables. La medicina moderna eligió los fármacos. Y el alimento vivo quedó en el olvido.

10.7. La leche y tus hormonas: aclarando el tema del estrógeno

Quizá hayas oído que la leche tiene estrógenos. Y es cierto. Pero también es cierto que están en formas conjugadas, diseñadas por la biología para ser eliminadas fácilmente. No se acumulan y no afectan tus niveles hormonales si tienes un metabolismo saludable.

26. Sanford Porter, Charles, *Milk diet, as a remedy for chronic disease*, Legare Street Press, 2022.

27. Macfadden, Bernarr, *The miracle of milk: how to use the milk diet scientifically*, Pierides Press, 2008.

De hecho, el verdadero problema de dominancia estrogénica viene de otras fuentes como plásticos, cosméticos, disruptores endocrinos, y sí, la soja. Porque los fitoestrógenos de la soja pueden estimular tus receptores estrogénicos de forma más intensa y prolongada que los estrógenos naturales de la leche.

Además, la leche —especialmente la cruda de vacas en pasto— contiene progesterona natural, calcio, vitamina D y otros nutrientes que ayudan a equilibrar tu eje hormonal. Incluso puede mejorar la función tiroidea y reducir el cortisol, lo que en conjunto se traduce en mayor densidad ósea, menor estrés y mejor salud reproductiva.

10.8. Mi visión práctica

Consumir leche cruda hoy es un acto de responsabilidad. No se trata de ir a cualquier parte a comprar cualquier leche. Se trata de conocer el origen, la vaca, el pasto, el manejo, el ordeño. Se trata de elegir un alimento vivo, no una ruleta bacteriana. Cuando se usa en frío —tal cual— es cuando más aporta. Pero si se decide calentar, hay que hacerlo sólo cuando sea necesario y elegir leche fresca no uperisada. Se reserva la uperisada como recurso de emergencia para momentos en los que no haya otra opción. Así, se mantiene una relación consciente con este alimento y se aprovecha en su forma más noble, pero también se está preparado para cualquier eventualidad. Lo que vuelve a despertar cuando se vuelve a lo real.

Hay alimentos que te llenan. Otros que te vacían. Y algunos pocos... que te recuerdan quién eres. La leche cruda, cuando viene de la tierra, de vacas que respiran, de manos que cuidan, no sólo alimenta. Reconecta. Repara. Reprograma. Y cuando la pruebas con el cuerpo abierto y el espíritu dispuesto, lo sientes: esto era. Esto sí. Esto funciona. Porque hay cosas que tu cuerpo nunca ha olvidado.

11

Los cuatro jinetes del apocalipsis nutricional

Unas cuantas páginas atrás mencionaba lo que llamo «comestibles de supervivencia», algo que también he mencionado varias veces en mis redes sociales. Son alimentos que, en situaciones límite, pueden ayudarte a resistir. Sin embargo, he observado que, tanto en redes sociales como en ciertos discursos bienintencionados —pero profundamente errados—, se ha empezado a colocar bajo esa misma categoría lo que considero, sin rodeos, los «cuatro jinetes del apocalipsis nutricional»: aceites de semillas, azúcares, ultraprocesados y carbohidratos refinados. Déjame ser claro desde el principio, mi postura al respecto es radical, y no tengo ningún interés en suavizarla ni en hacerla digerible para el algoritmo.

A diferencia de ciertos carbohidratos naturales como frutas, raíces o algunas legumbres correctamente preparadas, jamás —y repito, jamás— deberías considerar que el azúcar refinado, los ultraprocesados o las harinas industriales tienen cabida en una alimentación centrada en la salud, en su conservación o en su recuperación. No existe contexto fisiológico, histórico ni evolutivo que respalde su uso como parte funcional de una dieta humana óptima. No son neutrales, no son necesarios y no son inocuos. Son un experimento reciente a escala poblacional cuyos resultados están a la vista de cualquiera que quiera mirar sin filtros.

Hay un hecho imposible de ignorar: la epidemia de sobrepeso, obesidad, enfermedades metabólicas y deterioro psicológico no estalló por comer fruta, carne o huevos. Estalló cuando convertimos carbohidratos integrales y funcionales en basura refinada, harina blanca, pasta industrial, bollería y cereales azucarados. Puedes envolverlos en tecnicismos si quieres, puedes maquillarlos con pirámides nutricionales o consensos obsoletos, pero la palabra correcta es otra, y es una palabra incómoda, *mierda*. Mierda como categoría comestible. Mierda que enferma. Mierda que no deberías estar recomendando a nadie bajo ningún pretexto.

Y aquí no hay medias tintas. Si alguien sigue defendiendo estas sustancias como «aceptables por adherencia» o «válidas por contexto», lo que está haciendo no es acompañar, sino perpetuar el problema. Normalizar lo que daña no es pragmatismo, es negligencia intelectual. El daño no se vuelve menor porque esté socialmente aceptado ni porque venga acompañado de excusas pedagógicas. El cuerpo humano no negocia con historias, responde a bioquímica.

¿Qué diferencia entonces un verdadero comestible de supervivencia de estos cuatro jinetes? Hay criterios simples, directos y demoledores. Primero, un nivel extremo de procesamiento que destruye la matriz original del alimento. Segundo, una densidad nutricional prácticamente nula, sin micronutrientes funcionales, sin información biológica real. Y tercero, una capacidad clara y documentada de generar daño metabólico a corto, medio y largo plazo. Eso es lo que representan estos productos, calorías sin información, volumen sin vitalidad, energía sin estructura. No alimentan, estimulan. No sostienen, desgastan. Y confundir eso con supervivencia es uno de los errores más costosos de la nutrición moderna.

11.1. Elige desde la evolución, no desde la adicción

Yo elegí y tú también puedes hacerlo. Puedes elegir un camino basado en alimentos reales, provenientes de animales sanos, en su forma más entera, estacional y evolutiva: carnes grasas y magras, vísceras, huesos, caldos, productos lácteos enteros, algo de fruta, y tal vez miel. La dosis la marcará tu contexto: tu nivel de actividad, tus objetivos, tu entorno, tu historia clínica.

Los elegí porque son los alimentos sobre los que el ser humano edificó su especie, cultivó su fuerza y transmitió su sabiduría. Los elegí porque no me resigno a la decadencia disfrazada de conveniencia. Y sí, los elegí aunque me llamen extremista. Porque, a veces, el verdadero fanático no es el que defiende con pasión su causa, sino el que llama extremista a todo el que no se rinde.

11.2. El azúcar y los ultraprocesados: dopamina barata

El procesamiento industrial de los carbohidratos provocó un cambio de rumbo brutal en la historia humana. Al aumentar la palatabilidad, también aumentó la dependencia psicológica, especialmente sobre los circuitos de dopamina y recompensa rápida. Y cuando te acostumbras a eso, cualquier alimento real, denso y nutritivo, te parece soso, aburrido o «poco práctico».

Sin embargo, es un engaño. Y lo sabes. Porque lo que realmente pierdes no es el sabor, sino el control. Lo que se dispara no es la energía, sino la inflamación. Y lo que se degrada no es sólo tu páncreas, sino también tu claridad mental, tu regulación emocional y tu capacidad de decidir.

11.3. Carbohidratos refinados: la energía que te apaga

Quizá nadie te lo explicó bien. O quizá estás tan acostumbrado a ver pan blanco, galletas, pasta o cereales de desayuno que ya no los consideras una amenaza. Tal vez incluso piensas que son una parte normal de la dieta, porque así creciste, porque los ves en todos lados, porque la tele, la escuela o incluso tu médico te los han nombrado como «carbohidratos buenos». Pero hoy quiero contarte con total claridad qué hacen realmente los carbohidratos refinados en tu cuerpo. No como una moda, ni como una dieta más, sino como una realidad fisiológica que necesitas comprender si de verdad te interesa recuperar energía, claridad mental y salud metabólica.

Cuando comes alimentos refinados, lo que estás haciendo es meter combustible rápido, barato y de mala calidad en una maquinaria increíblemente compleja. Todo ese almidón procesado y ese azúcar libre entra en tu sangre como una avalancha y tu páncreas reacciona con una descarga urgente de insulina, tratando de salvarte del exceso de glucosa. Pero si repites ese ciclo varias veces al día, todos los días, tus células se saturan. Dejan de responder. Se vuelven sordas a la insulina. Y tú entras en una etapa silenciosa, pero peligrosa: la resistencia a la insulina.

Eso significa que tu cuerpo ya no puede usar la grasa como energía. La insulina lo impide. Bloquea la oxidación de ácidos grasos. Te deja atrapado en una cárcel bioquímica donde sólo puedes funcionar con azúcar. Por eso comes y a las dos horas vuelves a tener hambre. No es que tengas poca fuerza de voluntad: es que estás biológicamente secuestrado. Necesitas otro pico. Otro paquete. Otro golpe rápido de glucosa. Y lo que no quemas lo almacenas. En forma de grasa abdominal, triglicéridos, hígado graso, incluso grasa infiltrada en tus órganos. Y sí, esto va mucho más allá del peso, porque el problema no es sólo estético. Es inflamatorio.

Cada subida de glucosa y cada disparo de insulina genera señales inflamatorias. Poco a poco, silenciosamente, tu sistema inmunitario entra en modo crónico. Tus articulaciones se vuelven rígidas, tus arterias pierden elasticidad, tu cerebro empieza a sufrir microinflamaciones y tú te acostumbras a vivir con niebla mental, con dolor y con fatiga. Como si fuese lo normal. Pero no lo es.

A eso súmale el caos intestinal. Al alimentar constantemente a bacterias oportunistas con azúcar, destruyes el equilibrio de tu microbioma. Pierdes diversidad bacteriana, pierdes resiliencia inmunitaria y, de paso, rompes la barrera intestinal. Nos encontramos con gases, hinchazón, estreñimiento o diarrea. Pero también con alergias, autoinmunidad, intolerancias nuevas cada mes y un eje intestino-cerebro totalmente disfuncional.

¿Y sabes qué es lo más perverso? Que todo esto te engancha. Porque cada vez que comes algo muy dulce o muy procesado, tu cerebro libera dopamina. Te recompensa. Te hace sentir un alivio fugaz. Sin embargo, es un placer químico, artificial y corto. Cuando baja, te sientes peor que antes. Así que repites. Y ese bucle es lo que llamamos hambre emocional, pero en realidad es adicción alimentaria disfrazada de cultura, de costumbre, de tradición. Como si un cruasán fuese amor. Como si un refresco fuese libertad.

Los carbohidratos refinados además sabotean tu metabolismo mineral: inhiben enzimas fundamentales, secuestran magnesio, disminuyen la absorción y activación de la vitamina D, y generan productos de glicación avanzada (AGEs), moléculas que envejecen tus tejidos, endurecen tus arterias y dañan tu piel, tu colágeno o tu vista. No es exageración. Es bioquímica. Comer esto cada día es como aplicar óxido en tu maquinaria celular.

Y no, entrenar no lo compensa. Por más que corras, levantes pesas o hagas entrenamiento de intervalos de alta intensidad (HIIT), no puedes anular el daño estructural de una dieta incoherente. El ejercicio es necesario, sí. Pero no borra una dieta proinflamatoria, disfuncional y adictiva. No eres un banco de calorías, sino un organismo interdependiente donde el combustible correcto lo cambia todo.

Entonces, ¿qué puedes hacer? Empieza por hacerte preguntas incómodas: ¿de verdad necesitas ese pan en cada comida?, ¿desayunas porque tienes hambre o porque es lo que se espera? Cambia el arroz blanco por arroz salvaje, coliflor, yuca o calabaza. Cambia el desayuno de cereales por huevos con aguacate, o por un poco de fruta de temporada. Recupera el ayuno como herramienta. Prueba un día sin pan. Luego una semana. Date cuenta de que sí puedes.

Y cuando veas que el pan no era tan necesario, que el azúcar no era tan dulce, que la pasta no te da felicidad, sentirás una fuerza nueva: la de quien recupera el control. Porque dejar los carbohidratos refinados no es sólo una decisión alimentaria. Es una declaración de independencia metabólica.

Comer bien no es un lujo. Es una forma de resistencia en un mundo diseñado para enfermarte. Cada elección cuenta. Cada cucharada de manteca, cada huevo de pasto o cada vez que eliges no picar entre horas es un acto de rebelión contra la domesticación alimentaria. Cuanto más real sea tu comida, más real será tu energía, tu estado de ánimo, tu cuerpo y tu mente.

No permitas que una industria o una costumbre dicten tu biología. Recupera tu poder, tu hambre verdadera, tu metabolismo ancestral. Deja que tu cuerpo recuerde lo que es vivir sin altibajos, sin antojos, sin niebla. Porque el derecho a decidir qué entra por tu boca es también el derecho a elegir cómo quieres vivir. Y si decides cortar con los carbohidratos refinados, no lo haces por moda. Lo haces por dignidad, por coherencia e incluso por una versión de ti que no necesita excusas para sentirse libre.

11.4. Aceites de semillas y grasas para cocinar: todo lo que necesitas saber

Si alguna vez te has detenido a leer con calma las etiquetas de los productos ultraprocesados —y digo leer de verdad, no escanear— habrás notado un patrón que se repite como una sombra pegajosa: aceites de semillas por todas partes. Están en las patatas fritas, en las galletas, en los cereales, en las barritas de proteínas, en las salsas, en las palomitas, en los productos «fitness» y en los «saludables». Es casi imposible escapar. Y no es casualidad.

En los últimos ciento cincuenta años, el consumo de estos aceites vegetales industriales se ha disparado de forma obscena. Hablamos de un crecimiento del 1.600 por ciento desde principios del siglo XX. Sólo en las últimas dos décadas, su uso global se ha duplicado, y no parece que vaya a parar. De hecho, la industria proyecta un aumento de un 30 por ciento más en los próximos 4 años. ¿Casualidad? No, interés económico disfrazado de falsa nutrición.

En Europa, la historia es algo más matizada. Durante siglos, el aceite de oliva ha sido el rey indiscutible, sobre todo en la zona del sur. Pero en las últimas décadas, hemos cedido terreno. Colza, girasol, soja, maíz... Aceites industriales que se cuelan en nuestra cocina bajo promesas de «ligereza» o «salud cardiovascular». Y, mientras tanto, la curva de enfermedades crónicas se dispara a niveles históricos: obesidad, diabetes, síndrome metabólico, cáncer, enfermedad coronaria... Pero nadie quiere mirar hacia esa sartén.

El aceite de semillas es el verdadero mal encarnado

Voy a decirlo sin rodeos: los aceites de semillas son una de las mayores tragedias alimentarias del mundo moderno. Y sí, lo repito: tragedias. No son neutrales. No son inofensivos. No son «una opción más». Son grasas químicamente adulteradas, extraídas a través de procesos de refinamiento tóxico, tratadas con disolventes, desodorizadas, calentadas hasta destruir su integridad molecular. ¿Y luego las cocinas otra vez a fuego alto? Un suicidio celular lento, silencioso y aprobado por todos.

El gran problema —más allá de cómo se fabrican— está en su perfil lipídico. Son ricos en ácido linoleico, el omega 6 más reactivo que te puedas imaginar. En teoría es esencial, sí, pero en las dosis en las que lo consumimos hoy se convierte en una bomba inflamatoria: oxida tus membranas, altera tu señalización hormonal, interfiere con la mitocondria y deja a tu cuerpo atrapado en un fuego crónico de bajo grado que no se apaga nunca. Y, ojo, esto no es sólo ciencia teórica. Hay datos. Hay gráficos. Hay historias clínicas. El aumento del consumo de estos aceites coincide milimétricamente con el ascenso de la obesidad, la diabetes tipo 2, las enfermedades cardiovasculares y los cánceres hormonodependientes.

El culto a la grasa equivocada

Lo más perverso de todo esto es que nos vendieron estos aceites como si fueran «saludables». Porque bajaban el colesterol, porque venían de plantas, porque eran «modernos». Y, mientras tanto, las grasas que nos han sostenido durante milenios —manteca, sebo, mantequilla cruda, aceite de coco, aceite de oliva virgen extra— fueron demonizadas sin piedad.

Nos dijeron que las grasas animales obstruyen las arterias.

Pero no dijeron nada de los aldehídos tóxicos que se liberan al recalentar girasol o maíz. Nos asustaron con el colesterol sin explicar que las lipoproteínas oxidadas que lo transportan son las verdaderamente peligrosas, y que se oxidan precisamente por el exceso de omega 6 y azúcar. Nos volvimos adictos a lo que nos mata y culpamos a lo que nos sostiene.

No hace falta volverse radical para empezar a mejorar. Basta con tomar decisiones conscientes en lo cotidiano. Si vas a cocinar, elige grasas estables, con baja susceptibilidad a la oxidación:

- Manteca de cerdo de pasto.
- Sebo de vaca o cordero.
- *Ghee* o mantequilla cruda.
- Aceite de coco virgen.
- Aceite de oliva virgen extra (para cocinar suave o en crudo).
- Aceite de aguacate prensado en frío.

Estas grasas han acompañado al ser humano durante generaciones. No necesitan un laboratorio para existir. No requieren hidrogenación ni hexano. No huelen a disolvente. Son alimento real, y sobre todo: son compatibles con tu biología.

¿Qué son realmente los aceites vegetales?

Cuando hablo de «aceites vegetales», no me refiero al aceite de oliva virgen extra, ni al de coco ni al de aguacate. Ésos son otra historia. Aquí hablamos de una categoría perversa que, bajo una etiqueta inocente, ha secuestrado nuestra cocina, nuestra salud y nuestra historia alimentaria durante más de un siglo.

Los llamados «aceites vegetales» incluyen aceites extraídos de frutos, nueces, granos o semillas. Pero hay una distinción crucial: no es lo mismo prensar una aceituna que refinar una semilla de algodón tratada con disolventes. Ahí es donde entra la verdadera trampa semántica. Todo empieza —como muchas tragedias modernas— con un movimiento industrial que disfrazó marketing de ciencia. Procter & Gamble tiene buena parte de la culpa. En 1911, esta compañía desarrolló la hidrogenación parcial, una técnica para convertir aceites líquidos en sólidos. Así nació Crisco, la primera grasa vegetal sólida, hecha a partir de semilla de algodón refinada y tratada con disolventes y metales pesados.

Lo vendieron como un avance técnico, una alternativa higiénica y económica a la manteca y la mantequilla, pero lo que nadie dijo fue que reemplazaba grasas saturadas estables y ancestrales por aceites oxidados, rancios, inflamatorios y profundamente incompatibles con la biología humana. Después vinieron las recomendaciones oficiales, las pirámides alimentarias, el miedo al colesterol, la guerra a la grasa animal. Las grasas saturadas se convirtieron en el demonio, y los aceites vegetales en el futuro. Ése fue el punto de no retorno.

Desde entonces, las enfermedades metabólicas se dispararon. Y no, no fue sólo por el azúcar. Fue la combinación diabólica entre azúcar refinado y aceites oxidados la que marcó el verdadero inicio del declive metabólico moderno.

La hidrogenación

La hidrogenación es un proceso químico en el cual se añaden moléculas de hidrógeno a los ácidos grasos insaturados presentes en los aceites vegetales. Esto conduce a la transformación de los ácidos grasos insaturados en ácidos grasos saturados o en ácidos grasos trans, dependiendo del grado de hidrogenación.

Un aceite vegetal no hidrogenado, como el aceite de girasol o el aceite de oliva, contiene principalmente ácidos grasos insaturados, como ácidos grasos monoinsaturados y poliinsaturados. Si se somete un aceite vegetal a un proceso de hidrogenación parcial, algunos de los ácidos grasos insaturados se convertirán en ácidos grasos saturados. Por ejemplo, el aceite vegetal líquido se puede transformar en una grasa sólida, como la manteca vegetal, a través de este proceso de hidrogenación parcial.

En la hidrogenación completa, todos los ácidos grasos insaturados se convierten en ácidos grasos saturados. Un ejemplo de esto es la producción de grasas saturadas, como la margarina, a partir de aceites vegetales líquidos.

Durante el proceso de hidrogenación, también se pueden formar ácidos grasos trans, que son una forma de grasa insaturada, pero con una estructura diferente a los ácidos grasos insaturados naturales presentes en los aceites vegetales. Estos ácidos grasos trans pueden ser perjudiciales para la salud cuando se consumen en cantidades excesivas.

El lanzamiento de la margarina fue un gran éxito comercial y contribuyó a la creciente demanda de aceites vegetales procesados en el mercado. Estos productos fueron ampliamente utilizados en la cocina y en la industria alimentaria. Sólo algunos en aquel momento pudieron imaginar lo que deparaba al futuro del consumo de este veneno.

¿Por qué demonios se empezaron a usar los aceites de semillas?

Todo empezó con una mentira bien envuelta en bata blanca. Eran los años cincuenta y un hombre llamado Ancel Keys publicó una serie de estudios que pretendían demostrar una conexión entre el consumo de grasas saturadas y las enfermedades cardiovasculares.

Fue el inicio de una de las mayores campañas de desinformación nutricional del siglo XX. Y funcionó: la mantequilla, la manteca de cerdo y el sebo —grasas ancestrales, estables y nutritivas— fueron condenadas al exilio. En su lugar, los aceites de semillas fueron elevados a la categoría de salvadores modernos. El razonamiento era simple: como las grasas saturadas eran «malas», había que reemplazarlas por grasas «más saludables», es decir, poliinsaturadas. ¿De dónde salían esas grasas poliinsaturadas? Exacto: de las semillas.

A partir de ahí, los aceites de soja, maíz, girasol, colza y cártamo comenzaron a ocupar un lugar privilegiado en cocinas, comedores escolares, hospitales y guías oficiales de nutrición. Y lo más trágico: también en la mente de la gente, que empezó a temerle a la manteca de cerdo mientras freía su comida en aceite de girasol refinado.

Décadas después, la evidencia clínica y epidemiológica empezó a hacer aguas. Muchos estudios que antes se usaban para justificar el miedo a las grasas saturadas fueron desacreditados o reinterpretados. Se descubrió que las grasas poliinsaturadas de los aceites de semillas, especialmente el ácido linoleico, eran altamente inestables, se oxidaban fácilmente y generaban productos secundarios inflamatorios (aldehídos, hidroperóxidos o isoprostanos).

Como comprenderás, cuanta más inflamación, más radicales libres, más daño celular y un cuerpo con menos capacidad de defenderse.

Saturadas frente a insaturadas: no es una guerra, es un equilibrio

La diferencia clave entre grasas saturadas e insaturadas está en su estructura molecular. Las saturadas están «llenas» de átomos de hidrógeno y no tienen dobles enlaces. Son estables térmica y oxidativamente, ideales para cocinar. Las insaturadas, por el contrario, tienen dobles enlaces que las hacen más susceptibles a la oxidación, sobre todo si son poliinsaturadas como el ácido linoleico.

Sí, necesitamos ácidos grasos esenciales, pero esenciales no significa en grandes cantidades. El equilibrio natural entre omega 6 y omega 3 solía ser de entre 1:1 a 4:1. Hoy en día, en la mayoría de las dietas modernas, esa proporción ha subido a 20:1, o incluso 50:1, a favor del omega 6. Eso es un campo de cultivo para la inflamación crónica, el verdadero trasfondo bioquímico de muchas enfermedades modernas: obesidad, diabetes, aterosclerosis, alzhéimer, infertilidad, cáncer...

No se trata de demonizar las grasas *per se*. Se trata de reconocer que la calidad importa más que la cantidad. Una cucharada de mantequilla de vacas de pasto o de aceite de oliva virgen extra no es lo mismo que una cucharada de aceite de soja refinado y recalentado. Hoy, sabemos que muchas de las grasas industriales que se nos vendieron como «corazón saludable» son literalmente destructivas para nuestras membranas celulares, nuestras mitocondrias y nuestra estabilidad metabólica.

Y por eso este aparatado. Para que recuperes la soberanía grasa. Para que cocines sin miedo. Para que vuelvas a usar el sebo, la manteca, la mantequilla, el aceite de coco o el de oliva con orgullo, y destierres el veneno invisible que es el aceite de semilla industrial.

¿Cómo demonios se fabrican los aceites de semillas?

Para entender por qué los aceites de semillas son un problema, primero necesitas saber cómo se fabrican realmente.

Gráfico 11.1. Proceso de elaboración de aceites de semillas

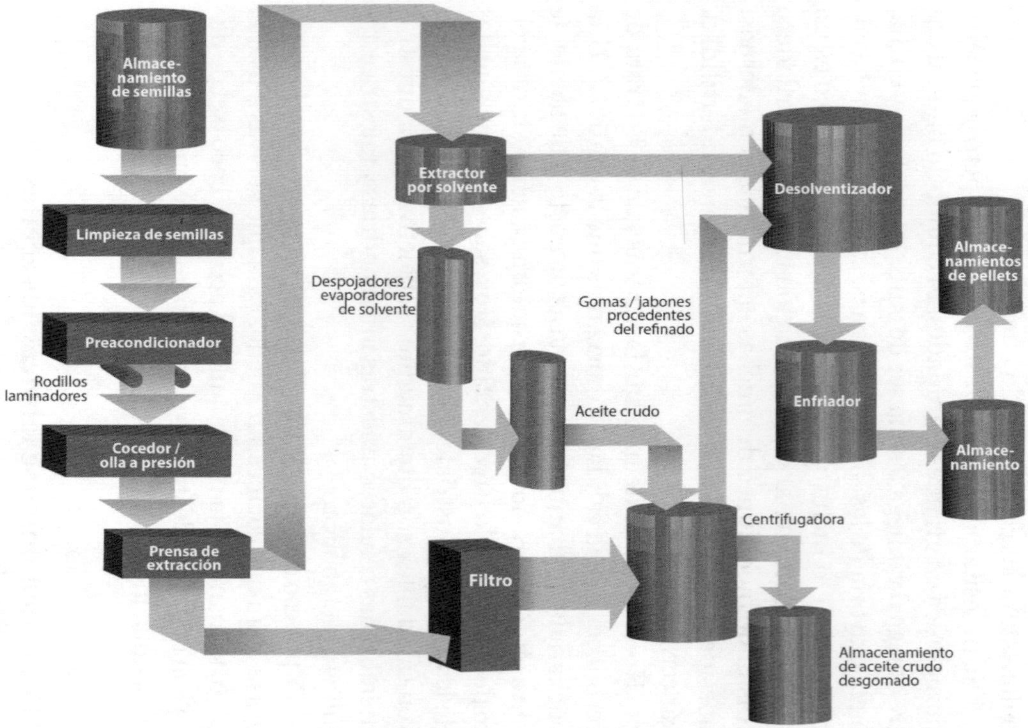

Fuente: Elaboración propia.

Y te aseguro que no es un proceso limpio, ni natural, ni inocente.

Todo empieza con semillas duras y secas como las de soja, girasol, maíz o colza. Como es de esperar, no sueltan su grasa fácilmente. No se exprimen como una aceituna madura, así que la industria necesita obligarlas a soltar ese aceite. ¿Cómo lo consiguen? Trituran, calientan a altas temperaturas y bañan en disolventes como el hexano, un compuesto derivado del petróleo. Después, se refina, desodoriza, blanquea y, por último, se estabiliza con antioxidantes sintéticos como el BHA, el BHT o el TBHQ.

Es decir: calor extremo, más disolventes químicos, más aditivos potencialmente tóxicos. Un líquido de color pajizo que parece inofensivo, pero no lo es.

El veneno invisible: BHA, BHT y TBHQ[28]

Estos antioxidantes sintéticos no están ahí por tu salud. Están para alargar la vida del aceite en el estante y evitar que huela a rayos una vez oxidado. Pero ¿a qué precio? Éstos son los efectos negativos conocidos de BHA y BHT:[29]

- Potencial cancerígeno: clasificados como posibles carcinógenos por organismos internacionales. En animales, se ha observado una relación con ciertos tipos de tumores.

28. Cravotto, C., *et al.*, «Towards Substitution of Hexane as Extraction Solvent of Food Products and Ingredients with No Regrets», *Foods*, 11, 21 (2022), p. 3412.

29. Gharavi, N., Haggarty, S., y El-Kadi, A. O., «Chemoprotective and carcinogenic effects of tert-butylhydroquinone and its metabolites», *Current Drug Metabolism*, 8, 1 (2007), pp. 1-7.

- **Disrupción hormonal: pueden interferir con el sistema endocrino, alterando el equilibrio hormonal y afectando el desarrollo y la función celular.**
- **Toxicidad hepática: estudios en animales han mostrado que pueden dañar el hígado con dosis continuadas.**
- **Reacción alérgica: urticaria, asma, irritación cutánea e inflamación en personas sensibles.**
- **Alteración del sistema antioxidante: paradójicamente, un exceso de estos «antioxidantes» sintéticos puede inducir resistencia y agravar el estrés oxidativo celular.**

Lo peor está dentro de tus células: el impacto del ácido linoleico

Más allá de los disolventes y aditivos, el verdadero problema estructural de los aceites de semillas es su altísimo contenido en ácido linoleico, un ácido graso poliinsaturado omega 6 que, en exceso, descompone la arquitectura de tus células.

Cada una de tus células está rodeada por una membrana hecha, entre otras cosas, de grasa. Esa membrana necesita estabilidad para funcionar bien, pues es la encargada de señalizar, comunicar, permitir el paso de nutrientes y defenderse del daño. Y esa estabilidad te la dan las grasas saturadas y monoinsaturadas. Pero si la membrana se llena de ácido linoleico, se vuelve frágil y reactiva. Se oxida con facilidad, genera aldehídos tóxicos y convierte tu cuerpo en un campo de batalla bioquímico.

Desde 1959 hasta 2008, los estudios muestran que el contenido de ácido linoleico en los tejidos humanos se ha multiplicado por 2,5. Es decir, aunque no uses aceite de semillas en casa, te lo estás comiendo sin saberlo en casi todos los procesados, salsas, frituras, precocinados, bollería y hasta en los *snacks* «saludables» que compras.

¿Por qué debería preocuparte? Porque el ácido linoleico acumulado:

- Promueve la inflamación crónica.
- Oxida el colesterol LDL, haciéndolo más aterogénico.
- Aumenta el estrés oxidativo mitocondrial.
- Destruye la sensibilidad a la insulina.
- Se acumula en la grasa corporal y en los tejidos neuronales.

Y todo eso, sin que lo notes al principio. Es un veneno lento. Silencioso. Invisible.

¿Cómo saber cuáles son las mejores grasas para cocinar?

A la hora de decidir qué grasas utilizar en tu cocina diaria, es normal sentirse un poco perdido. Hay demasiada información, muchos intereses cruzados y una industria que no siempre juega limpio. Por eso quiero darte algunos criterios claros, objetivos, que te sirvan como brújula para elegir con cabeza —y salud— qué poner en tu sartén.

Te habrás preguntado si lo más importante es el punto de humo, o si quizá deberías fijarte más en la estabilidad oxidativa. ¿Y los antioxidantes? ¿Importan realmente? Vamos a ir desgranando cada uno de estos aspectos para que puedas tomar decisiones informadas, no basadas en marketing, sino en fisiología real.

Gráfico 11.2. Distribución aproximada de ácidos grasos en aceites y grasas para cocinar

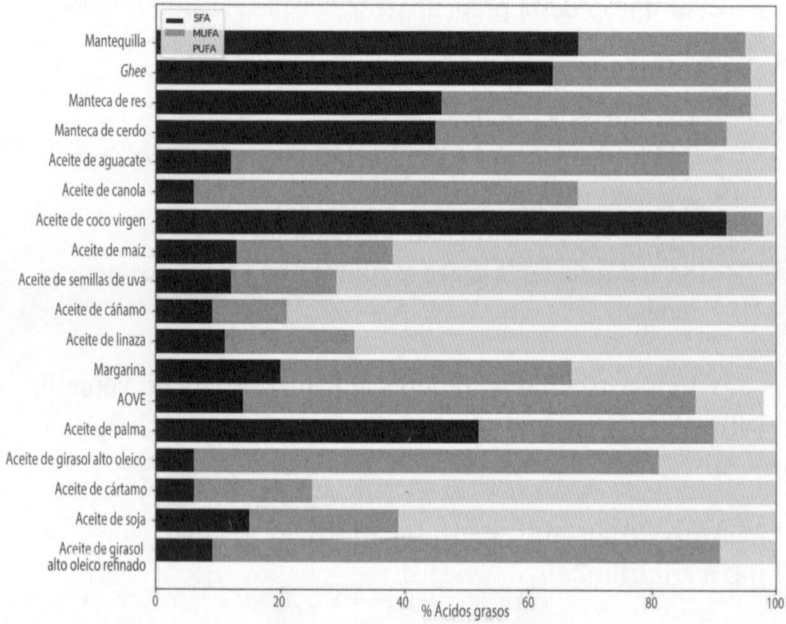

Fuente: Datos extraídos de la USDA.

El punto de humo

El punto de humo es esa temperatura a la que un aceite empieza a humear y a degradarse. Y créeme: no es sólo un tema de olor o sabor. Cuando un aceite humea, se están formando compuestos tóxicos como aldehídos y peróxidos lipídicos, que no querrás en tu cuerpo.

Esos peróxidos y aldehídos no son inocentes. Se forman cuando los lípidos del aceite se oxidan —ya sea por exposición al calor, al oxígeno o incluso a la luz— y provocan reacciones que afectan tanto a la calidad del aceite como a tu salud. De hecho, aldehídos como la acroleína, el malondialdehído

(MDA) y el 4-HNE están relacionados con la inflamación, el daño celular y un aumento en el riesgo de enfermedades como alzhéimer, cáncer o problemas cardiovasculares. Así que no es sólo una cuestión culinaria: es una cuestión biológica.

Estabilidad oxidativa

El siguiente factor clave es la estabilidad oxidativa, es decir, la capacidad que tiene una grasa para resistir la oxidación cuando se expone al calor. Este punto es central y suele pasarse por alto, porque no todas las grasas reaccionan igual cuando las calientas. Cuanto mayor es su estabilidad oxidativa, menor es la formación de compuestos degradados, radicales libres y subproductos reactivos. En términos simples, una grasa más estable es una grasa más segura para cocinar, especialmente cuando hay temperaturas elevadas.

La estabilidad depende directamente de la estructura química de la grasa. Las grasas saturadas y monoinsaturadas poseen enlaces más estables frente al calor y al oxígeno. Por eso, grasas tradicionales como el aceite de coco, la manteca de cerdo, el *ghee* o el aceite de oliva virgen extra toleran mucho mejor la cocción. No es una cuestión ideológica ni cultural, es bioquímica pura. En cambio, los aceites ricos en ácidos grasos poliinsaturados —sobre todo los extraídos de semillas como girasol, soja, maíz o colza— tienen múltiples dobles enlaces que se oxidan con extrema facilidad. Cada doble enlace es un punto débil frente al calor, la luz y el oxígeno, y cuanto más poliinsaturada es la grasa, más rápida y violenta es su degradación térmica.

Aquí aparece uno de los errores más extendidos en la cocina moderna, la reutilización del aceite para freír. Cuando un aceite, especialmente uno inestable, se somete repetidamente al calor, su estructura se rompe progresivamente. Se forman aldehídos, peróxidos lipídicos y otros compuestos con una alta reactividad que no sólo alteran el sabor y el olor, sino que generan una carga oxidativa innecesaria para el organismo. Cada recalentamiento acelera este proceso. No es una exageración decir que reutilizar aceites poliinsaturados para freír es una vía directa hacia el deterioro oxidativo, tanto del alimento como de quien lo consume. El aceite se degrada, pero el daño no se queda en la sartén.

La importancia de los antioxidantes

Los antioxidantes naturales presentes en algunas grasas pueden ayudarte a frenar ese proceso de degradación. Por ejemplo, el aceite de oliva virgen extra está repleto de polifenoles que protegen contra la oxidación. Lo mismo ocurre, en menor medida, con el aceite de aguacate o la manteca de animales alimentados con pasto.

La clave está en buscar grasas que combinen estabilidad estructural (por su perfil de ácidos grasos) con potencial antioxidante natural. Esa combinación es lo que las hace realmente aptas para cocinar de forma segura, sin llenar tu organismo de compuestos tóxicos que dañan tus membranas celulares, tu sistema nervioso y tu salud cardiovascular.

La importancia de la saturación

Uno de los criterios más importantes a la hora de elegir una grasa para cocinar —y paradójicamente uno de los más ignorados— es el grado de saturación. Comprender este punto no es un detalle técnico ni una obsesión académica, es una cuestión básica de bioquímica aplicada a tu cocina diaria. De ello depende que cada vez que calientes una sartén estés nutriendo tu organismo o, por el contrario, introduciendo compuestos oxidados que tu cuerpo tendrá que neutralizar como pueda. No todas las grasas reaccionan igual al calor, y ese desconocimiento es una de las grandes fuentes de daño silencioso en la alimentación moderna.

Empecemos por lo más robusto desde el punto de vista estructural, las grasas saturadas. Son las más estables que existen porque no presentan enlaces dobles en su cadena de ácidos grasos. Esa ausencia de dobles enlaces las hace químicamente resistentes al oxígeno, a la luz y, sobre todo, al calor. Traducido a la práctica, no se oxidan con facilidad, no se descomponen cuando fríes o salteas y no generan subproductos reactivos peligrosos.

El aceite de coco, la manteca de cerdo, el sebo, el *ghee* o la grasa de vacuno pertenecen a esta categoría. Son grasas densas, térmicamente estables y extraordinariamente seguras para cocinar. No es casualidad que hayan sido la base culinaria de culturas enteras durante siglos. Su demonización es reciente y no responde a su comportamiento químico real, sino a discursos simplificados que nunca tuvieron en cuenta qué ocurre cuando una grasa entra en contacto con una sartén caliente.

En un segundo escalón encontramos las grasas monoinsaturadas, que contienen un solo enlace doble. Son algo más sensibles que las saturadas, pero siguen comportándose de forma bastante sólida frente al calor si se usan con sentido. El ejemplo clásico es el aceite de oliva virgen extra. Su estabilidad no depende sólo del ácido oleico que lo compone, sino también de su contenido en antioxidantes naturales, como los polifenoles, que lo protegen parcialmente de la oxidación. Para cocinar a temperaturas medias es una opción excelente, siempre que sea de buena calidad y de primera extracción, y que no haya sido sometido a refinados agresivos. Guardarlo lejos de la luz y del calor también marca la diferencia, porque incluso las buenas grasas pueden degradarse si se las maltrata.

El verdadero problema aparece con las grasas poliinsaturadas. Éstas contienen varios enlaces dobles en su estructura, y cada uno de esos enlaces es un punto vulnerable frente a la oxidación. Cuantos más enlaces dobles, mayor inestabilidad. Cuando estas grasas se calientan —y especialmente cuando se recalientan— se rompen con facilidad y generan aldehídos, peróxidos lipídicos y otros compuestos altamente reactivos. Estas sustancias interactúan con las membranas celulares, alteran su estructura y favorecen procesos inflamatorios de bajo grado. Aquí entran los conocidos aceites de semillas, de girasol, de maíz, de soja o de canola, entre otros. Son precisamente los que se promocionan como «ligeros», «cardiosaludables» o «modernos», cuando en realidad son los menos adecuados para soportar calor.

El problema no es sólo que sean inestables, sino que su uso se ha normalizado para frituras, salteados y cocción repetida. Esa combinación —poliinsaturación más calor— es una auténtica trampa oxidativa. No es una cuestión de opinión ni de preferencia cultural, es una consecuencia directa de su estructura química. Por eso, elegir una grasa para cocinar no debería basarse en eslóganes publicitarios, sino en entender cómo se comporta esa grasa cuando pasa de la botella a la sartén. Ahí es donde se decide si estás cocinando alimento... o fabricando basura oxidada.

El proceso de extracción: lo que no te cuentan

Otro aspecto clave —y poco explicado— es cómo se ha obtenido ese aceite que estás a punto de usar. Porque no es lo mismo un aceite prensado en frío que uno refinado químicamente. No tienen ni la misma estructura, ni los mismos antioxidantes, ni los mismos efectos en tu salud.

Cuando un aceite se extrae por métodos mecánicos, sin usar calor ni disolventes, se conserva gran parte de su riqueza natural: polifenoles, vitamina E, sabor, aroma, etc. Un ejemplo claro es el aceite de oliva virgen extra. Ese aceite no sólo aguanta bien la cocción suave, sino que también protege tus células gracias a sus antioxidantes.

Ahora bien, cuando el aceite ha sido refinado, la cosa cambia. En ese proceso se usan temperaturas altísimas, se blanquea, se desodoriza, se neutraliza con productos químicos... Se produce así un aceite muerto, inestable y oxidado desde el primer día, sin antioxidantes, sin sabor real, y que a menudo ha sido extraído con hexano u otros disolventes industriales. Aquí incluso el aceite de oliva refinado pierde casi todo lo bueno que tenía.

Así que ya lo sabes: no es sólo qué grasa eliges, sino cómo ha sido tratada. Elige lo menos procesado, lo más cercano a su estado natural, lo que nuestras mitocondrias reconocen como real.

Las mejores grasas animales

¿Cuándo y por qué nos aterrorizó cocinar con grasas animales? En los años cincuenta y sesenta, los estadounidenses comenzaron a alarmarse por el aumento a un ritmo acelerado de los ataques cardíacos. Tiempo después, y como una de las primeras muestras de la globalización informativa, los consejos de retirar y eliminar de la cocina las grasas animales supusieron el denominador común en todas las cocinas occidentales. Unos pocos investigadores ambiciosos seleccionaron datos de observación (no pruebas controladas al azar), descartaron evidencia contradictoria y utilizaron estos datos sesgados para asociar la ingesta de grasas saturadas con enfermedades del corazón.

Pero es hora de reconsiderar los beneficios de cocinar con grasas animales para tu salud. Aquí hay varias ventajas que debes tener en cuenta:

1. Mejora tu bienestar. Al utilizar grasas animales en la cocina, fortaleces tu salud de diversas formas.
2. Favorece tu vitalidad. Cocinar con grasas animales promueve tu vitalidad y te brinda una energía renovada.
3. Aumenta tu resistencia. Al incluir grasas animales en tu dieta, aumentas tu resistencia y tu capacidad de recuperación.
4. Optimiza tu nutrición. Las grasas animales son una fuente rica de nutrientes esenciales que tu cuerpo necesita para funcionar correctamente.
5. Potencia tu sistema inmunitario. Al cocinar con grasas animales, fortaleces tu sistema inmunitario y te vuelves más resistente a las enfermedades.
6. Mejora tu paladar. Las grasas animales añaden una deliciosa profundidad de sabor a tus platos, haciendo que cada comida sea una experiencia placentera.
7. Promueve la saciedad. Las grasas animales te ayudan a sentirte satisfecho por más tiempo, evitando los antojos y los picoteos innecesarios.
8. Estimula la absorción de nutrientes. Al combinar grasas animales con otros alimentos, mejoras la absorción de vitaminas y minerales importantes para tu organismo.

Ghee

El *ghee* es un tipo de mantequilla clarificada que se originó en la India y ha sido utilizado durante siglos en la cocina y la medicina ayurvédica. Se obtiene al calentar la mantequilla para eliminar el agua y las impurezas, dejando sólo la grasa líquida y los sólidos de la leche. El *ghee* tiene varios beneficios para la salud que vale la pena mencionar:

- **Sabor y aroma.** El *ghee* tiene un sabor y aroma distintivos y agradables que pueden realzar el sabor de los alimentos. Muchos lo consideran más sabroso que la mantequilla regular.
- **Mayor tolerancia.** Para aquellas personas que son intolerantes a la lactosa o tienen sensibilidad a los lácteos, el *ghee* puede ser una alternativa adecuada, ya que se elimina la mayor parte de la lactosa y las proteínas de la leche durante el proceso de clarificación.
- **Nutrientes esenciales.** El *ghee* contiene vitaminas liposolubles como las vitaminas A, D, E y K, que son importantes para una buena salud. Estas vitaminas son necesarias para la salud ocular, la función cerebral, el sistema inmunitario y la coagulación sanguínea adecuada.
- **Ácidos grasos de cadena corta.** El *ghee* contiene ácidos grasos de cadena corta, como el ácido butírico, que se ha asociado con beneficios para la salud intestinal. Estos ácidos grasos pueden tener propiedades antiinflamatorias y ayudar a mantener un equilibrio saludable de bacterias en el intestino.
- **Alta temperatura de humo.** El *ghee* tiene un punto de humo más alto que la mantequilla regular, lo que significa que puede soportar temperaturas más altas antes de comenzar a descomponerse y quemarse. Esto lo convierte en una opción excelente para cocinar a altas temperaturas, como saltear, freír u hornear.
- **Conservación prolongada.** Debido a su baja humedad y a su proceso de clarificación, el *ghee* tiene una

vida útil más larga que la mantequilla regular. Se puede almacenar a temperatura ambiente durante varios meses sin estropearse.

Mantequilla

La mantequilla es un producto lácteo que se obtiene al batir la crema de leche. Existen diferentes tipos de mantequilla, pero una variedad que ha ganado popularidad en los últimos años es la mantequilla de pasto. Ésta se produce a partir de la leche de vacas alimentadas exclusivamente con pasto, lo cual tiene un impacto significativo en su composición nutricional. Es una excelente compañera en mi dieta basada en animales. La mantequilla de pasto ofrece varios beneficios para la salud, entre ellos:

- **Perfil nutricional excelente.** La mantequilla de pasto contiene una mayor concentración de nutrientes en comparación con la mantequilla convencional.

  Es especialmente **rica en vitaminas liposolubles**, como las vitaminas A, E y K2, así como en ácidos grasos omega 3.
- **Propiedades antiinflamatorias.** La mantequilla de pasto contiene un equilibrio adecuado de ácidos grasos omega 3 y omega 6, lo cual puede ayudar a reducir la inflamación en el cuerpo. La presencia de ácido linoleico conjugado (CLA, por sus siglas en inglés) en la mantequilla de pasto también se ha asociado con propiedades antiinflamatorias y beneficios para la salud metabólica.
- **Calidad de las grasas.** La mantequilla de pasto es una fuente de grasas saludables, incluyendo ácidos grasos de cadena corta y media, así como ácido butírico, que es conocido por sus propiedades antiinflamatorias y

sus beneficios para la salud intestinal. Además de la mantequilla de vaca, también existen opciones de mantequilla derivadas de otros animales como cabra u oveja.

Estas alternativas pueden ofrecer beneficios adicionales:

- **Mantequilla de cabra.** La mantequilla de cabra es una opción popular para aquellos que tienen dificultad para tolerar los productos lácteos de vaca. Es rica en ácidos grasos de cadena media y puede ser más fácil de digerir para algunas personas.
- **Mantequilla de oveja.** La mantequilla de oveja tiene un sabor distintivo y es valorada por su textura cremosa. Contiene una buena cantidad de vitamina K2 y ácido linoleico conjugado, lo que le confiere propiedades antiinflamatorias.

Manteca de res o sebo de res

El sebo de res, también conocido como *beef tallow*, es la grasa sólida que se obtiene del tejido adiposo de las vacas. Cuando las vacas son alimentadas con pasto de manera natural, se produce un tipo de sebo de res llamado «*beef tallow* de pasto», el cual se considera de alta calidad debido a su perfil de nutrientes y propiedades beneficiosas para la salud. El uso de sebo de res de pasto en la cocina puede aportar varios beneficios:

- **Alta calidad nutricional.** El sebo de res de pasto contiene una buena cantidad de ácidos grasos saludables, incluyendo ácido oleico, ácido linoleico conjugado y ácido linolénico. Estos ácidos grasos son esenciales para el funcionamiento óptimo del cuerpo y pueden contribuir a la salud cardiovascular.

- **Vitamina E y antioxidantes.** Es una fuente natural de vitamina E, un poderoso antioxidante que ayuda a proteger las células del daño causado por los radicales libres. Los antioxidantes también tienen propiedades antiinflamatorias y pueden apoyar la salud general.
- **Ácido linoleico conjugado (CLA).** El sebo de res de pasto es conocido por ser una fuente rica en ácido linoleico conjugado (CLA, por sus siglas en inglés). El CLA se ha asociado con varios beneficios para la salud, como la reducción del riesgo de enfermedades cardiovasculares, el apoyo a la composición corporal saludable y la mejora del sistema inmunitario.
- **Fácil de hacer en casa.** Sólo necesitas obtener grasa de res de pasto de alta calidad, cortarla en trozos pequeños y calentarla a fuego lento para que se derrita. Una vez derretido, puedes filtrar y almacenar el sebo líquido en recipientes adecuados.
- **Versatilidad culinaria.** El sebo de res de pasto es muy versátil en la cocina. Tiene un punto de humo alto, lo que significa que puede soportar temperaturas altas sin descomponerse ni quemarse. Puedes usarlo para freír, saltear, hornear y hacer frituras, proporcionando un delicioso sabor y una textura crujiente a tus platos.

Manteca de cerdo

La manteca de cerdo obtenida de animales criados en pasto es una opción interesante para la cocina y presenta beneficios relevantes desde el punto de vista nutricional. Esta clase de manteca contiene una combinación equilibrada de ácidos grasos y aunque es conocida por su contenido de grasa saturada, también aporta ácidos grasos monoinsaturados, que se asocian con beneficios para la salud cardiovascular. Además, es una fuente natural de vitaminas liposolubles como la vitamina A, D, E y K, vitaminas esenciales para la salud ocular, la absorción de calcio, la función inmunitaria y una coagulación sanguínea adecuada. A esto se suma su contenido en ácido linoleico conjugado (CLA), un ácido graso que se ha asociado con beneficios potenciales para la salud, como la reducción de la grasa corporal, la mejora del sistema inmunitario y una posible protección frente a enfermedades cardiovasculares y ciertos tipos de cáncer.

Desde el punto de vista culinario, la manteca de cerdo presenta un punto de humo alto en comparación con muchas otras grasas y aceites vegetales, lo que la hace adecuada para freír y cocinar a altas temperaturas sin descomponerse ni oxidarse con facilidad. Aporta además un sabor característico y una textura suave, por lo que se utiliza ampliamente en la cocina tradicional para preparar platos como pasteles, galletas y recetas clásicas. No obstante, incluso cuando procede de animales criados en pasto, la manteca de cerdo tiene una ratio de ácidos grasos omega 3 a omega 6 más descompensada en comparación con otras fuentes de grasa como los aceites de pescado, de semillas de lino o el aceite de oliva.

Esto implica que, al potenciar ese desequilibrio con más presencia de omega 6, puede favorecer la inflamación crónica y aumentar el riesgo de ciertas enfermedades, como las cardiovasculares, la diabetes tipo 2 o procesos inflamatorios. Por ello, aunque la manteca de cerdo de animales criados en pasto puede aportar beneficios, conviene tener en cuenta este desequilibrio al valorar su consumo y contemplarlo dentro de un contexto dietético más amplio en el que existan otras fuentes de grasas con una proporción más equilibrada de omega 3 y omega 6.

Los mejores aceites vegetales

Desde una perspectiva práctica y evolutiva hemos utilizado aceites vegetales desde hace mucho tiempo, en este sentido, y teniendo claras las diferencias entre aceites vegetales de semillas refinados o industrializados y aceites vegetales sin procesos industriales, podríamos plantear el uso de estos que te voy a mostrar a continuación.

Aceite de oliva virgen extra

El aceite de oliva es ampliamente reconocido por sus beneficios para la salud, su alto contenido de grasas monoinsaturadas y su punto de humo relativamente alto. A diferencia de la mayoría de los aceites vegetales, el aceite de oliva es resistente a la oxidación dañina durante la fritura. Esto significa que puede soportar altas temperaturas sin descomponerse fácilmente y liberar compuestos tóxicos. Por lo tanto, es una opción segura y saludable para cocinar a altas temperaturas, como al freír alimentos.

Además, su perfil de sabor distintivo también agrega un delicioso toque a los platos preparados con él. Por contra, puede albergar hasta un 27 por ciento de ácido linoleico, si bien el contenido general llega hasta el 21 por ciento. A su vez, existe la creencia común de que el aceite de oliva ha sido «cortado» con otros de semillas, que por desgracia ha sido verificada ya en algunas ocasiones cuando se adultera o se falsifica mezclándolo con otros aceites vegetales. Incluso a nivel de emisiones y consumo responsable quizá no sea el más recomendable de mantener en el tiempo, por lo que tendría sentido variar diferentes grasas para cocinar.

Aceite de coco

Una de las mejores opciones a la hora de sustituir los aceites vegetales industrializados tóxicos es el aceite de coco. Se trata de un aceite bajo en grasas PUFA (estamos hablando de alrededor de un 2 por ciento de ácido linoleico), y su estabilidad al calor es elevada junto con un punto de humo de unos 190 °C. Sin embargo, se trata de un aceite con elevado impacto ambiental.

Aceite de aguacate

Poco conocido, con un sabor extraordinario y muy infravalorado, el aceite de aguacate cuenta con un alto contenido de grasas monoinsaturadas y polifenoles que lo hace muy resistente a las altas temperaturas. Su punto de humo se encuentra en torno a los 220 °C, lo que le hace una muy buena opción para las frituras. Sin embargo, entre los contras a su consumo, aparece un porcentaje promedio de 13 por ciento de ácido linoleico y su gran impacto medio ambiental.

Los principios básicos compartidos por todas las sociedades preindustrializadas sanas

No sé si conoces a Weston Price. Durante la primera mitad del siglo XX, este conocido dentista e investigador, emprendió un viaje extraordinario por todo el mundo. Su objetivo era entender por qué las poblaciones tradicionales presentaban dientes fuertes, cuerpos sanos y una vitalidad que contrastaba radicalmente con la decadencia física que él observaba en sus pacientes en las ciudades industrializadas.

Visitó aldeas alpinas, islas del Pacífico y comunidades indígenas de América y África, y encontró un patrón común: la salud robusta estaba ligada directamente a la alimentación natural, ancestral y no procesada.

Si tú examinas cómo se alimentan los pueblos sanos y no industrializados —como lo hizo Price—, verás que sus dietas están completamente libres de productos refinados o desnaturalizados. No incluyen azúcar blanco, jarabe de maíz alto en fructosa, harinas refinadas, alimentos enlatados ni leche pasteurizada, homogeneizada, descremada y baja en grasa. También evitan los aceites vegetales procesados o hidrogenados, los polvos proteicos, las vitaminas sintéticas, los aditivos químicos y los colorantes artificiales.

Todas las culturas tradicionales incluyen alimentos de origen animal. Puede ser pescados, mariscos, aves, mamíferos terrestres o marinos, huevos, productos lácteos, reptiles o insectos. Pero lo más importante es que se consume el animal entero: carne, órganos, huesos y grasa, con una clara preferencia por las vísceras y los tejidos grasos.

Comparadas con la dieta industrial moderna, estas formas de alimentación contienen al menos cuatro veces más minerales y vitaminas solubles en agua, y hasta diez veces más vitaminas liposolubles como la A, la D y la K2 (llamada por Price «Activador X»), todas presentes en alimentos animales auténticos.

Aunque muchas de estas culturas cocinan parte de su comida, siempre consumen una fracción en forma cruda: mariscos, carne, leche, huevos o grasa, manteniendo enzimas vivas y nutrientes sensibles al calor.

También incorporan bacterias beneficiosas y enzimas digestivas mediante la fermentación natural (lactofermentación) de vegetales, frutas, bebidas, productos lácteos, carnes y condimentos.

En cuanto a semillas, granos y nueces, jamás se comen tal

como vienen. Primero se remojan, fermentan o germinan, para neutralizar antinutrientes como los inhibidores enzimáticos, taninos o ácido fítico, que de otra forma bloquearían minerales esenciales.

El porcentaje de grasa en estas dietas varía entre un 30 y un 80 por ciento del total calórico. Pero sólo un 4 por ciento proviene de grasas poliinsaturadas, las cuales están naturalmente presentes en alimentos integrales. La mayoría de las calorías grasas provienen de grasas saturadas y monoinsaturadas, que aportan estabilidad energética y estructural. Y también mantienen una proporción equilibrada entre ácidos grasos omega 6 y omega 3, y consumen sal sin refinar como parte esencial de su dieta.

Finalmente, todas estas culturas hacen uso de los huesos de los animales, preparando con ellos caldos ricos en gelatina, minerales y compuestos que favorecen el intestino, las articulaciones y la piel.

12

La dieta de la regeneración: la importancia de tus sistemas *detox*

Tu cuerpo vive en un entorno hostil. Desde que naces, respiras aire que no elegiste, bebes agua que no filtraste y comes alimentos cuyo origen muchas veces desconoces. Esta exposición constante a toxinas ambientales es una realidad inevitable, pero eso no significa que estés indefenso. Al contrario, tu organismo posee una inteligencia bioquímica extraordinaria, capaz de adaptarse, defenderse y repararse. Sin embargo, para lograrlo, necesita ciertas condiciones. Necesita que le des espacio para trabajar, materia prima para regenerarse y estrategias concretas para activar sus vías de eliminación.

12.1. El hígado: tu central de transformación química

El hígado es el centro de mando de tu detoxificación. Aunque pocas veces se le da la importancia que merece, este órgano es responsable de transformar y eliminar gran parte de las toxinas que ingresan en tu cuerpo, ya sea a través del aire que respiras, los alimentos que consumes o los productos que aplicas en tu piel. No es exagerado decir que tu salud depende, en gran parte, de la eficiencia con la que tu hígado realiza este trabajo silencioso pero vital, un trabajo continuo que no descansa y que sostiene el equilibrio interno de tu cuerpo incluso cuando no eres consciente de ello.

La detoxificación hepática ocurre en dos fases complementarias que funcionan como un sistema coordinado. En la primera fase, el hígado toma las toxinas lipofílicas, es decir, aquellas solubles en grasa como pesticidas, fármacos y contaminantes ambientales, y las transforma en compuestos más solubles, pero también más reactivos. Esta fase se realiza a través de un entramado enzimático complejo, dominado por el sistema del citocromo P450. Aunque imprescindible, esta conversión genera radicales libres y metabolitos intermedios potencialmente dañinos, por lo que, si no existe un entorno antioxidante adecuado, estas sustancias pueden acabar generando más estrés oxidativo del que resuelven.

Ahí es donde entra en juego la segunda fase, cuya función es neutralizar esos compuestos reactivos mediante distintos procesos de conjugación, como la glucuronidación, la sulfatación, la metilación o la conjugación con glutatión y ciertos aminoácidos. Gracias a estas reacciones, las toxinas se convierten en moléculas hidrosolubles que el organismo puede eliminar con relativa facilidad a través de la bilis y, por tanto, de las heces, o mediante la orina.

Para que ambas fases funcionen de forma fluida, coordinada y sin generar daño colateral, el cuerpo necesita un aporte constante y suficiente de nutrientes específicos que actúan como cofactores, sustratos y protectores antioxidantes, nutrientes sin los cuales la maquinaria hepática se vuelve ineficiente, se ralentiza o incluso se convierte en una fuente adicional de estrés metabólico.

- **Glutatión:** el principal antioxidante intracelular, indispensable para neutralizar radicales libres.
- **Colina:** esencial para la producción de bilis y el metabolismo de las grasas.
- **Zinc y selenio:** cofactores de enzimas detoxificantes.
- **Magnesio:** involucrado en más de trescientas reacciones enzimáticas, muchas de ellas relacionadas con la segunda fase.
- **Vitaminas del complejo B:** especialmente B6, B9 (folato) y B12, necesarias para la metilación.
- **Metionina y glicina:** aminoácidos esenciales para la síntesis de glutatión y otras vías de conjugación.
- **Antioxidantes como la vitamina E y la coenzima Q10 (CoQ10):** protegen tus células del daño oxidativo generado durante la detoxificación.

Lo interesante —y profundamente olvidado por la medicina moderna— es que esta maquinaria bioquímica no funciona igual todo el año. Tu fisiología está influida por los ritmos estacionales, y tu alimentación debería reflejarlo si quieres optimizar las funciones del hígado. Cada estación te ofrece alimentos que, de forma natural, contienen los nutrientes que tu hígado más necesita en ese momento.

La primavera es un momento de activación, limpieza y renacimiento. Tu hígado, tras el letargo invernal, necesita reactivar su capacidad depurativa. Aquí predominan los alimentos ricos en azufre, como los espárragos, las cebollas, el ajo y los huevos. El azufre es esencial para la producción de glutatión, y la colina de los huevos ayuda a movilizar las grasas del hígado. También es un buen momento para introducir más vegetales verdes, frutas ácidas como los frutos del bosque y compuestos amargos que estimulan la producción de bilis, como el rabanito o el diente de león.

En verano, con el aumento de la radiación solar y las

temperaturas, tu cuerpo requiere una mayor protección antioxidante. Los pescados grasos como el salmón, la caballa y las sardinas aportan ácidos grasos omega 3, que reducen la inflamación y mejoran la fluidez de las membranas celulares hepáticas. Las frutas frescas de verano, como el melón, la sandía o el melocotón, son ricas en agua, fibra y polifenoles, que apoyan la eliminación de toxinas hidrosolubles y favorecen una buena hidratación celular. El sol, además, estimula la producción de vitamina D, que también participa en la regulación de genes hepáticos.

Otoño es la estación del fortalecimiento y la preparación para el invierno. Tu hígado se beneficia especialmente de nutrientes que apoyan la regeneración celular y el sistema inmune. Las carnes de caza como el ciervo o el jabalí son ricas en carnitina y minerales esenciales como hierro, zinc y selenio. Los caldos de huesos aportan colágeno, glicina y prolina, aminoácidos fundamentales para reparar tejidos y sintetizar glutatión. Las nueces, las almendras y otras semillas aportan magnesio y grasas saludables que favorecen el transporte de nutrientes liposolubles y la producción de hormonas esteroides.

Finalmente, en invierno, el cuerpo entra en un modo más introspectivo, de conservación energética y reparación profunda. El hígado necesita nutrientes mitocondriales que ayuden a mantener su eficiencia metabólica. Entre ellos, destacan el ácido alfa lipoico, la CoQ10 y la vitamina E, todos ellos presentes en alimentos como el hígado, el *ghee*, la carne de res de pasto y los huevos. Las frutas cítricas como el limón, la naranja o el pomelo aportan vitamina C y flavonoides que complementan este proceso.

Al sincronizar tu nutrición con los ciclos estacionales, no sólo mejoras la eficiencia de tu hígado, sino que alineas tu biología con los ritmos naturales. Esta coherencia tiene beneficios que van más allá de la detoxificación: mejora tu energía, tu claridad mental, tu digestión, tu inmunidad y tu longevidad. Detoxificar no es hacer una dieta restrictiva de tres días ni tomar un jugo verde por la mañana. Es respetar los tiempos del cuerpo, ofrecerle los nutrientes que necesita y eliminar los obstáculos que interfieren con su sabiduría innata. Tu hígado sabe cómo hacerlo. Tú sólo tienes que crear el contexto adecuado.

12.2. Sistema glinfático: drenaje cerebral nocturno

Tu cerebro no tiene vasos linfáticos como los que se encuentran en otras partes del cuerpo. En su lugar, cuenta con un sistema sorprendentemente sofisticado y poco conocido: el sistema glinfático. Este sistema actúa como una red de drenaje cerebral encargada de eliminar productos de desecho que se acumulan durante el día, incluyendo proteínas tóxicas como el beta-amiloide, subproductos del metabolismo celular y otros residuos que, si no se eliminan, pueden generar inflamación neurodegenerativa.

Este sistema glinfático funciona únicamente de forma eficaz durante el sueño profundo y su arquitectura depende de las células gliales, especialmente de los astrocitos. Estas células contienen proteínas especializadas llamadas acuaporinas-4, que permiten el movimiento del líquido cefalorraquídeo a través del cerebro. Este líquido baña el tejido cerebral y luego se canaliza a lo largo de túneles perivasculares, limpiando los residuos y transportándolos hacia los vasos venosos y finalmente fuera del sistema nervioso central.

Pero este proceso es extremadamente vulnerable. Si no duermes bien, si te expones a luz azul por la noche, si cenas tarde, si estás inflamado o si tu ciclo circadiano está desincronizado, el sistema glinfático se bloquea o funciona a una fracción de su capacidad. Y cuando esto ocurre, tu cerebro empieza a acumular basura molecular. Literalmente.

Durante el sueño profundo —particularmente en las fases de ondas lentas (no REM o NREM)— las células cerebrales se encogen levemente, aumentando el espacio intersticial y facilitando así el flujo de líquido cefalorraquídeo. Esta expansión permite que los residuos se eliminen más eficazmente. Si no accedes a esta fase del sueño, tu cerebro no se limpia, y eso tiene consecuencias a corto, medio y largo plazo: niebla mental, fatiga, irritabilidad, problemas de memoria, ansiedad, deterioro cognitivo progresivo, etc.

La cronodisrupción afecta directamente el sistema glinfático. Estar expuesto a luz artificial intensa por la noche —en especial la luz azul de las pantallas— inhibe la producción de melatonina, la hormona que orquesta no sólo el sueño, sino también múltiples procesos de regeneración y defensa celular. Sin melatonina, el sueño se fragmenta, el drenaje glinfático se reduce y la inflamación neuronal se intensifica. Además, una cena copiosa o tardía activa la digestión cuando tu cuerpo debería estar desactivándose. Eso desvía el flujo de energía metabólica y reduce la profundidad del sueño. Vivir en estado inflamatorio crónico, ya sea por mala alimentación, estrés, sedentarismo o exposición a toxinas, también entorpece este proceso.

Tu sueño profundo es tu lavadora cerebral. Cada noche es una oportunidad para limpiar, reparar y restaurar tu tejido neuronal. Y tú puedes facilitar ese proceso de forma concreta:

- Duerme entre siete y nueve horas por noche, priorizando las primeras horas después del anochecer.
- Usa luz roja o velas por la noche, y evita pantallas al menos una hora antes de acostarte.
- Cena temprano, idealmente al menos tres horas antes de dormir, y mantén tu comida ligera y rica en triptófano.

- Duerme en completa oscuridad, a temperatura fresca (18-20 °C) y, si es posible, sobre el lado derecho, posición que favorece el drenaje glinfático.
- Expón tus ojos a luz solar natural durante de los primeros treinta minutos del día.

También puedes apoyar este sistema con nutrientes específicos que potencian tanto la calidad del sueño como la actividad del sistema glinfático. Me refiero en este caso a la melatonina, el magnesio, el potasio, la fosfatidilserina o la glicina. Vamos a verlos en detalle:

- **La melatonina es la hormona que le indica al cuerpo que ha llegado la noche.** Su producción depende de la oscuridad, pero también del material de partida con el que el organismo la fabrica. Alimentos de origen animal como los huevos, los pescados grasos (sardina, caballa, salmón) y la leche aportan triptófano, el aminoácido desde el que se sintetiza la melatonina en el cerebro. Entre las frutas, destacan las cerezas y las uvas, que contienen melatonina de forma natural, y el plátano, que combina triptófano con potasio, facilitando la señal nocturna. Verduras de hoja verde como las espinacas y las acelgas, así como el tomate de temporada, aportan pequeñas cantidades de melatonina y apoyan la sincronización del reloj biológico.
- **El magnesio actúa como un freno fisiológico del sistema nervioso.** Ayuda a que las neuronas se relajen y favorece la entrada en fases profundas del sueño al potenciar la señal inhibitoria del GABA. En alimentos de origen animal la encontramos en pescados, en mariscos como mejillones y almejas y en caldos de huesos, que además aportan otros minerales calmantes. En el mundo vegetal, el magnesio se concentra so-

bre todo en verduras verdes como espinacas, rúcula y berros, así como en frutas de temporada como el aguacate o los higos, que combinan magnesio con grasas y azúcares naturales de absorción lenta.

- **El potasio es esencial para que las neuronas se apaguen correctamente durante la noche.** Regula el potencial eléctrico de las células y ayuda a mantener un sueño más continuo, con menos despertares. Está presente de forma natural en carnes, pescados y lácteos, ya que es un mineral mayoritario dentro de las células animales. Entre las frutas, el plátano, el melón, la sandía o los cítricos de invierno como la mandarina aportan potasio fácilmente utilizable. En verduras, la patata, la remolacha y el calabacín son ejemplos claros de alimentos ricos en potasio que apoyan la estabilidad neuronal nocturna.
- **La fosfatidilserina es un fosfolípido estructural del cerebro que ayuda a reducir el cortisol, hormona que debería bajar por la noche.** Al disminuir esta señal de estrés, facilita la entrada en fases profundas del sueño, especialmente el sueño NREM. Sus fuentes naturales más relevantes son animales: yema de huevo, vísceras como el hígado y, en mayor concentración, tejidos nerviosos. Aunque frutas y verduras no aportan fosfatidilserina de forma directa, las verduras crucíferas y las frutas rojas de temporada protegen las membranas neuronales frente al estrés oxidativo, permitiendo que este fosfolípido funcione correctamente.
- **La glicina es un aminoácido con efecto calmante directo sobre el sistema nervioso.** Reduce la temperatura corporal central y facilita el inicio del sueño profundo, un paso fisiológico clave para dormir bien. Se encuentra en grandes cantidades en alimentos animales ricos en tejido conectivo, como el caldo de hue-

> sos, la gelatina natural, la piel y los cartílagos, así como en cortes tradicionales con colágeno. Las frutas y verduras no son una fuente directa de glicina, pero alimentos vegetales suaves como la calabaza, la zanahoria o el puerro, especialmente en temporada, favorecen un estado parasimpático que potencia su acción.

Además, puedes sumar prácticas que reduzcan la inflamación sistémica, como la exposición al frío, el *grounding* y el ejercicio regular. El sistema glinfático no funciona de forma aislada: depende de todo tu contexto fisiológico. Por eso, cuidarlo significa cuidar también tu ritmo de vida, tu entorno lumínico y tu salud metabólica.

Un sistema glinfático activo es una inversión a largo plazo en tu claridad mental, tu agudeza cognitiva y tu defensa contra enfermedades neurodegenerativas. Dormir bien no es un lujo: es tu herramienta de detoxificación cerebral más poderosa. Sin sueño profundo, no hay limpieza. Y sin limpieza, el deterioro es sólo cuestión de tiempo.

12.3. Sistema linfático: tu drenaje corporal olvidado

Tu sistema linfático es una red silenciosa pero vital, encargada de transportar líquidos, proteínas, células inmunitarias y productos de desecho por todo tu cuerpo. A diferencia del sistema circulatorio, que se apoya en el corazón como bomba para impulsar la sangre, el sistema linfático no cuenta con una bomba central. Esto significa que depende enteramente de tu movimiento corporal, de tu respiración, de tu postura y de la salud de tus tejidos para funcionar correctamente. Si no te mueves, si respiras de forma superficial o si vives en un estado inflamatorio crónico, tu linfa se estanca.

¿Y qué pasa cuando la linfa no fluye? Comienzas a sentirte hinchado, con pesadez en las extremidades, acumulación de líquidos, fatiga inexplicable y mayor vulnerabilidad a infecciones. Un sistema linfático estancado afecta a la depuración de toxinas, altera la función inmunitaria y puede incluso empeorar enfermedades autoinmunes o inflamatorias.

El movimiento es la clave. Cada vez que caminas, saltas, estiras tu cuerpo o respiras profundamente, estás ayudando a bombear la linfa a través de sus canales y ganglios. Actividades como caminar a paso firme, subir escaleras o hacer rutinas de fuerza muscular no sólo benefician a tu sistema cardiovascular, sino que, literalmente, empujan la linfa a moverse. Si pasas muchas horas sentado, procura levantarte cada treinta minutos, estirarte, mover brazos y piernas, o hacer algunas respiraciones profundas.

El rebote en mini-trampolín (*rebounding*) es una de las formas más eficientes y suaves de estimular el sistema linfático. Al saltar ligeramente, se genera una aceleración gravitacional que moviliza el fluido linfático sin impacto negativo en las articulaciones. Sólo 10-15 minutos al día pueden marcar una gran diferencia.

Otra herramienta poderosa son los masajes linfáticos, especialmente el drenaje linfático manual, que sigue la dirección natural del flujo y descomprime zonas congestionadas.

La respiración diafragmática, profunda y consciente, también actúa como una bomba natural para el sistema linfático. Al inhalar profundamente expandes el abdomen y generas presión negativa en la cavidad torácica, lo que facilita el retorno de la linfa hacia los grandes vasos. Esta práctica no sólo mejora la oxigenación celular, sino que también ayuda a reducir la inflamación general y a modular el sistema nervioso autónomo.

Los baños fríos, además de tener un efecto antiinflamatorio, estimulan la circulación linfática. El frío contrae los vasos superficiales y, al volver a temperaturas normales, genera una vasodilatación reactiva que impulsa el movimiento de la linfa. Puedes complementar con duchas alternadas de agua fría y caliente para un efecto circulatorio más potente. Por otro lado, la sauna infrarroja penetra en los tejidos profundos y promueve la sudoración, lo que facilita la eliminación de toxinas que de otro modo quedarían recirculando.

No debe olvidarse el papel esencial de la hidratación. La linfa es un líquido y, para mantenerse fluida y móvil, necesita agua de calidad. Beber suficiente agua a lo largo del día, idealmente estructurada o remineralizada, y consumir alimentos ricos en agua como frutas frescas, caldos y verduras contribuye a ese objetivo.

Las grasas saludables también son cruciales para la integridad de los vasos linfáticos. Incluir *ghee*, aceite de oliva virgen extra y fuentes de omega 3 procedentes de pescados grasos, nueces o semillas activadas ayuda a mantener la lubricación de la red linfática y a mejorar el transporte de moléculas lipofílicas que circulan por ella.

La inflamación crónica es uno de los principales saboteadores del flujo linfático. Comer alimentos ultraprocesados, presentar disbiosis intestinal, acumular toxinas ambientales o vivir bajo un estrés constante crea un terreno biológico denso, en el que la linfa se vuelve más espesa y menos funcional. Por eso es clave reducir la carga tóxica cotidiana, evitando plásticos, pesticidas, cosméticos convencionales, metales pesados y ambientes con moho, y apoyando al hígado, al intestino y a la piel, los tres grandes órganos de eliminación, para que la linfa no tenga que asumir una sobrecarga innecesaria.

El sistema linfático mantiene además una relación estrecha con el sistema inmunitario. Los ganglios linfáticos funcionan como centros de vigilancia inmunitaria y, cuando la linfa no fluye adecuadamente, las células defensivas no pueden desplazarse con eficacia, lo que disminuye la capacidad de respuesta frente a infecciones. En ese contexto, también pueden acumularse células muertas, antígenos no resueltos o restos inflamatorios que agravan procesos crónicos. No se necesitan protocolos complejos para cuidar la linfa, sino hábitos coherentes, caminar a diario, respirar de forma profunda, moverse tras las comidas, alternar frío y calor, priorizar el sueño, evitar excesos de sal, azúcar y alcohol, tocar el cuerpo, masajear y estirar. La linfa responde al movimiento, a la intención y al ritmo de vida.

Un sistema linfático activo es sinónimo de vitalidad. Es una red silenciosa que limpia, protege, defiende y equilibra. Cuando se cuida, el cuerpo lo refleja en forma de mayor energía, menor hinchazón, mejor estado de la piel, digestión más eficiente y mayor claridad mental. La salud no fluye sólo por las arterias, también lo hace, de manera constante y discreta, a través de la linfa.

Tu intestino puede ser una vía de eliminación o un portal de reabsorción tóxica. Cuando el cuerpo intenta expulsar metales, micotoxinas o residuos bacterianos, es clave que no vuelvan a entrar. Para ello existen aglutinantes naturales, compuestos que capturan toxinas y las arrastran fuera del cuerpo antes de que puedan reciclarse en la sangre o el sistema linfático.

- La *chlorella*, rica en clorofila, se une a metales pesados y residuos químicos. Es segura incluso en mujeres embarazadas y aporta minerales y aminoácidos esenciales.
- La zeolita, un mineral volcánico, actúa como una esponja porosa que atrapa pesticidas, amoníaco, ftalatos y otros compuestos volátiles.

- El carbón activado absorbe una amplia variedad de toxinas gastrointestinales, aunque también puede interferir con nutrientes si se abusa de su uso, por lo que se recomienda utilizarlo de forma cíclica.

Sin embargo, la eficacia de estos aglutinantes depende de varios factores: regularidad intestinal, separación temporal respecto a suplementos o medicamentos, e idealmente su uso en ayunas o lejos de las comidas. Alternar estos aglutinantes por ciclos de una o dos semanas puede mejorar la tolerancia y los resultados. Complementar con sudoración —baños calientes, infrarrojos o ejercicio de alta intensidad— potencia la movilización de toxinas del tejido adiposo. La clave es acompañar su uso con evacuaciones eficaces, para que lo que el cuerpo moviliza no se quede circulando.

Si has estado expuesto a moho ambiental, antibióticos o agua contaminada, estos aglutinantes pueden ayudarte a reducir la carga de endotoxinas bacterianas. Una estrategia más completa incluye prebióticos como almidón resistente y probióticos específicos como *Saccharomyces boulardii*, que ayudan a restaurar la barrera intestinal, modular el sistema inmune mucoso y reforzar el filtro digestivo. Porque el intestino no sólo absorbe nutrientes: también decide qué toxinas quedan fuera, y tu tarea es ayudarlo a decidir bien.

12.4. Detoxificación profunda de toxinas y metales pesados

Como decía al inicio de este capítulo, tu cuerpo vive inmerso en un entorno que no elegiste, una realidad en la que la exposición a toxinas ambientales es inevitable. No se trata sólo de lo que comes o bebes: cada respiración, cada ducha caliente, cada cosmético que aplicas y cada contacto con objetos cotidianos contribuye a tu carga tóxica. Entre los contaminantes más insidiosos se encuentran los metales pesados (como el plomo, el mercurio o el cadmio), los compuestos orgánicos persistentes (COP), residuos atmosféricos como el aluminio y el bario, nanopartículas plásticas, disolventes, ftalatos, bisfenoles y muchos más. Pero tu cuerpo tiene recursos. No puedes eliminarlos todos, pero puedes transformar tu organismo en una maquinaria de detoxificación eficiente, robusta y adaptativa. Ése es el verdadero poder.

Tatuajes: reservorios de toxinas metálicas

Cuando te tatúas, introduces una mezcla permanente de pigmentos que contienen metales pesados como plomo, cadmio, mercurio, níquel, cobalto y titanio. Estas partículas, sobre todo en forma nanoparticulada, migran hacia los ganglios linfáticos y al hígado, generando inflamación crónica y alteración inmunitaria. La tinta negra, además, puede contener hidrocarburos aromáticos policíclicos (HAP o PAH, por sus siglas en inglés), compuestos con potencial carcinogénico.

No puedes «quitar» un tatuaje desde dentro, pero puedes modular su impacto con:

- Glutatión liposomal, N-acetilcisteína y vitamina C.
- Selenio, zinc y ácido alfa lipoico.
- Exposición solar diaria, especialmente a luz infrarroja y roja (amanecer y atardecer).
- Dieta alta en colina, proteínas animales y antioxidantes naturales.

Metales pesados: sabotaje mitocondrial silencioso

Los metales como el mercurio, el plomo o el cadmio no sólo intoxican, también sabotean el metabolismo energético desde su base. Interfieren con enzimas clave como la piruvato deshidrogenasa, alteran la cadena de transporte de electrones y generan radicales libres que dañan la membrana mitocondrial. Este sabotaje afecta directamente a la producción de adenosín trifosfato (ATP) esencial para la obtención de energía celular, deteriora la función hormonal y puede comprometer tejidos de alta demanda energética como el cerebro, los músculos o el hígado.

El mercurio bloquea la conversión de T4 en T3, lo que puede generar síntomas como fatiga, frío o niebla mental; el plomo puede reemplazar al calcio en procesos neuronales, afectando la sinapsis y la memoria, y el cadmio reduce la actividad antioxidante celular, creando un entorno de inflamación persistente.

Restaurar la bioenergía implica crear entornos que favorezcan la función mitocondrial con actividades que ya he mencionado: exposición solar diaria, uso de luz infrarroja o baños de calor profundo y una dieta rica en cofactores como CoQ10, ácido R-lipoico glutatión y PQQ (una molécula que ayuda a las células a producir y aprovechar de manera más óptima la energía, pues mejora el funcionamiento y la renovación de las mitocondrias).

Las estrategias metabólicas como la cetosis nutricional, el ayuno intermitente y la restricción calórica periódica estimulan la biogénesis mitocondrial y mejoran la eficiencia energética celular. Eliminar aceites vegetales industriales y azúcares refinados reduce el estrés oxidativo basal, facilitando la recuperación mitocondrial.

Agua: fuente de vida o vehículo de toxicidad

El agua potable urbana puede contener cloro, flúor, metales pesados, microplásticos y residuos farmacológicos. Y aunque solemos enfocarnos en la que bebemos, ducharse con agua no filtrada puede ser aún más dañino: los contaminantes volátiles se absorben por la piel y los pulmones durante el baño caliente.

Filtrar el agua no es un lujo: es una medida preventiva. Instalar filtros en duchas y grifos, o usar filtros de ósmosis inversa para cocinar y beber, reduce la carga química diaria. Idealmente, se debe remineralizar el agua filtrada o combinarla con alimentos hidratantes como frutas de temporada, caldos caseros o grasa animal. Evita beber de botellas plásticas, especialmente si han estado expuestas al sol o al calor el bisfenol A (BPA) y otros plásticos migran al agua con facilidad.

El agua puede ser una medicina si está limpia, viva y estructurada... o una carga tóxica silenciosa si no lo está. Elegir bien qué agua entra en tu cuerpo es uno de los gestos más fundamentales del Regetarianismo cotidiano.

Ritmos circadianos: la orquesta hormonal del *detox*

Tu sistema de desintoxicación no depende sólo de lo que comes o bebes. Está programado por la luz. Los ritmos circadianos coordinan la función hepática, la producción hormonal, la reparación celular y el funcionamiento del sistema glinfático cerebral.

El hígado alcanza su pico de actividad entre la una y las tres de la madrugada. El sistema glinfático —encargado de limpiar residuos del cerebro— se activa sólo durante el sueño profundo, especialmente si se duerme en completa oscuridad y en un entorno fresco. Si comes tarde, duermes poco o estás expuesto a luz blanca tras el atardecer, interrumpes estos procesos y entorpeces la capacidad natural del cuerpo para regenerarse.

Aire y toxicidad invisible

La contaminación del aire urbano incluye nanopartículas, ozono, dióxido de nitrógeno, metales y compuestos orgánicos volátiles. Además, muchas fuentes domésticas —como velas aromáticas, ambientadores, microondas y productos de limpieza— agravan esta carga tóxica en interiores. Inhalas toxinas mientras caminas por la ciudad, cocinas o limpias tu baño.

El aire que respiras contiene una combinación compleja de partículas ultrafinas, metales pesados y residuos de combustión. La hipótesis de los *chemtrails* sostiene que parte de estas partículas provienen de programas de geoingeniería climática. Aunque polémicos, los estudios sobre aerosoles estratosféricos documentan el uso de aluminio y bario como reflectantes solares. Estas partículas pueden alterar tu sistema inmunitario, generar inflamación sistémica y dañar tus mitocondrias. Tu escudo es interno y lo fortaleces con alta densidad nutricional animal (hígado, yema de huevo, mariscos, colágeno); glutatión, polifenoles (miel, frutas), colina y vitamina C natural.

Si vives en zonas muy contaminadas, considera purificadores de aire con filtros HEPA. Y pasa tiempo en la naturaleza: los baños de bosque, el aire de montaña o el olor del mar ayudan a restaurar tu biología a niveles que la ciencia apenas comienza a entender. No puedes evitarlo todo, pero puedes fortalecer tu filtro. El objetivo no es vivir en una burbuja, sino crear un organismo que actúe como filtro inteligente, no como esponja pasiva. Tu hígado, tu linfa, tu intestino, tus riñones y tus mitocondrias ya saben cómo desintoxicar. La cuestión es si les estás dando las condiciones adecuadas para hacerlo.

Cada decisión importa: respirar aire limpio al amanecer, comer alimentos reales y sin etiquetas, dormir profundo en oscuridad, moverte con intención, exponerte al sol, beber agua no contaminada, eliminar productos industriales. Ningún suplemento sustituye eso. Ninguna moda puede reemplazar lo esencial. La detoxificación no es un reto de siete días ni una moda *biohacker*. Es un proceso continuo y dinámico que ocurre en cada célula. Cada mitocondria es una estación de limpieza. Cada glóbulo blanco, un guardián. Cada hepatocito, un alquimista. Lo único que se te pide es coherencia, constancia y presencia.

Crear un entorno regenerativo dentro de ti es el paso previo para poder regenerar algo fuera. Lo demás, tu biología lo hará sola.

13

Antinutrientes: lo que la comida «saludable» no te cuenta

Desde la visión regetariana entendemos que el ser humano ha logrado adaptarse a ciertos alimentos vegetales a lo largo de la evolución, pero esa adaptación ha sido siempre parcial, estratégica y situada, nunca total. El error moderno ha sido asumir que todos los alimentos vegetales —por el simple hecho de serlo— son buenos, inocuos y necesarios, como si las plantas hubieran sido diseñadas para nutrirnos. No lo fueron. No quieren ser comidas y, cuando lo son, se defienden. A esa defensa la llamamos antinutrientes y toxinas vegetales.

Este texto es una guía completa para entender qué son, cómo afectan y qué podemos hacer para mitigarlos desde una mirada regetariana práctica y evolutiva. Aquí no encontrarás dogmas ni prohibiciones, sino criterio, porque el alimento que puede sanar a uno puede enfermar a otro, y el que hoy toleras puede dañarte lentamente si no lo procesas bien o lo consumes fuera de contexto. Los regetarianos no comemos por ideología, comemos por biología, con respeto al cuerpo, al suelo y al tiempo.

13.1. Plantas: ¿nutrientes o defensa química?

Cuando hablamos de plantas en el contexto de la alimentación humana, tendemos a verlas como aliadas automáticas. Son verdes, son naturales, crecen de la tierra..., pero esa visión es incompleta. Las plantas no evolucionaron para ser nutritivas, sino para sobrevivir, y parte de su supervivencia consiste precisamente en evitar ser devoradas.

Dado que no pueden huir ni defenderse con garras o dientes, desarrollaron otra estrategia mucho más sofisticada: la química. Esto significa que muchas de las sustancias presentes en semillas, hojas, raíces y tallos no están ahí para beneficiarte a ti, sino para proteger a la planta. Algunas lo hacen produciendo compuestos que interfieren directamente con la fisiología animal; otras sabotean la digestión, alteran la microbiota o dificultan la absorción de nutrientes clave. Son defensas moleculares, y aunque diversas culturas han aprendido a convivir con ellas a lo largo del tiempo, eso no las convierte automáticamente en inocuas.

Desde la perspectiva vegetariana, no se trata de demonizar las plantas ni de convertirlas en enemigas. Se trata de tratarlas con el respeto que merecen, entendiendo sus mecanismos de defensa, reconociendo que no todas afectan igual a todos los cuerpos, y aprendiendo cuándo, cómo y en qué contexto consumirlas. Muchas pueden formar parte de una alimentación evolutivamente coherente, pero no sin criterio, no sin preparación y no sin contexto. El gran error de la nutrición moderna ha sido asumir que lo vegetal es siempre superior y que lo animal es, por defecto, sospechoso.

El Regetarianismo invierte esa mirada no por ideología, sino por coherencia metabólica, digestiva y evolutiva. Si algo puede dañarte a fuego lento, por mucho que sea presentado como «saludable» o «verde», es tu responsabilidad comprenderlo. Y si algo puede ayudarte a digerir mejor, a absorber más y a vivir con menos inflamación, aunque venga acompañado de grasa, colágeno o tejido animal, también es tu responsabilidad reconocerlo.

Comer bien no es elegir entre plantas o animales como si fueran bandos opuestos. Es saber qué planta te conviene, en qué forma, en qué estación y bajo qué preparación. Es entender que el alimento no existe fuera del contexto biológico que lo rodea. Eso, y no otra cosa, es comer como un regetariano.

13.2. Toxinas vegetales: mecanismos de agresión

Las toxinas vegetales no son un mito ni una exageración alternativa. Son reales. Están documentadas. Se han estudiado. Y tienen efectos biológicos muy concretos, incluso en dosis pequeñas. Muchas plantas producen toxinas como defensa química frente a insectos, bacterias, hongos... y humanos. Algunas son tan potentes que se usan como veneno. Otras, más sutiles, actúan a fuego lento.

Por ejemplo, la solanina de las patatas verdes y los tomates inmaduros puede provocar desde náuseas leves hasta síntomas neurológicos serios; la ricina es una de las sustancias más tóxicas que existen, y las cucurbitacinas de ciertos calabacines silvestres pueden causar intoxicación digestiva severa. Esto no ocurre sólo por errores excepcionales, Puede pasar por un mal almacenamiento, una mala cocción o simplemente una susceptibilidad individual.

La toxicidad vegetal es una estrategia de disuasión. Las plantas no tienen voz, pero sí mensaje: «No me comas». Ese mensaje está escrito en moléculas que interfieren con tu biología. Algunas bloquean enzimas vitales, otras alteran la síntesis de proteínas y otras generan reacciones inmunitarias indirectas. Algunas se eliminan con la orina, otras se acumulan con el tiempo.

Desde el enfoque regetariano, no ignoramos estas toxinas. Las reconocemos y las contextualizamos. Esto no significa que toda planta sea peligrosa, sino que su consumo requiere inteligencia y conocimiento: saber cómo fue cultivada, cómo fue procesada, cuándo fue cosechada y cómo reacciona tu cuerpo a ella. Porque lo que para uno es un adaptógeno, para otro puede ser una trampa inflamatoria. La clave está en la bioindividualidad y en el procesamiento. Y también en dejar de idealizar lo vegetal como si fuera inocente por definición. La naturaleza no es buena ni mala: es poderosa. Y merece ser tratada como tal.

13.3. Antinutrientes: los saboteadores del intestino y los minerales

Los antinutrientes no matan de forma aguda, pero minan tu vitalidad día tras día. Su estrategia es más sigilosa: interferir en la absorción de minerales, sabotear tus enzimas digestivas, inflamar silenciosamente tu intestino y dejarte con una salud mediocre aunque comas «bien».

Se encuentran sobre todo en legumbres, cereales, semillas, frutos secos y vegetales de hoja. Y si bien en algunos contextos evolutivos y culturales fueron tolerados gracias a técnicas como la fermentación o el remojo prolongado, hoy en día se consumen en su forma más cruda, industrial o ultraprocesada. Es el cóctel perfecto para la disbiosis.

A nivel bioquímico, estos compuestos funcionan como quelantes: se unen a minerales esenciales como el hierro, el magnesio, el zinc o el calcio y los arrastran fuera. Es decir, por mucho que los ingieras, no los absorbes. También inhiben enzimas digestivas clave como la tripsina, la pepsina o la lipasa, complicando aún más el aprovechamiento de proteínas y grasas.

Esto explica por qué muchas personas que siguen dietas

basadas en vegetales integrales terminan con déficit de hierro, B12, magnesio o incluso con problemas tiroideos o inmunitarios. No porque coman poco, sino porque absorben mal. El alimento no es lo que ingieres: es lo que absorbes, integras y metabolizas.

Desde el punto de vista regetariano, los antinutrientes no son «enemigos» en sí, sino mecanismos vegetales que exigen procesamiento, estrategia y respeto. Por eso se recomiendan técnicas de preparación adecuadas, uso moderado de vegetales ricos en estas sustancias y siempre priorizar alimentos animales como base nutricional segura y biodisponible.

No hay que eliminarlo todo, pero sí entender qué estás comiendo, y qué está haciendo eso dentro de ti. Ésa es la verdadera nutrición funcional.

13.4. Fitatos, oxalatos, lectinas y taninos: cómo actúan, dónde están y cómo reducirlos

Los cuatro grupos más conocidos de antinutrientes —fitatos, oxalatos, lectinas y taninos— están presentes en gran parte de los vegetales que la cultura moderna ha elevado a la categoría de «superalimentos». Pero sus efectos no son neutros. Todos ellos tienen en común su capacidad de interferir con la absorción de nutrientes, generar inflamación intestinal o afectar negativamente a tu metabolismo si se consumen en exceso o sin preparación adecuada. Vamos a verlos en detalle.

Fitatos

Los fitatos se encuentran principalmente en cereales integrales, legumbres y semillas. Se unen al hierro, al zinc, al magnesio y al calcio, formando complejos insolubles que tu cuerpo no puede absorber. También interfieren con enzimas como la pepsina y la amilasa. Aunque se ha intentado argumentar que tienen efectos antioxidantes, lo cierto es que su impacto negativo sobre la biodisponibilidad de minerales está bien documentado. Se reducen eficazmente mediante fermentación, germinación y nixtamalización.

Oxalatos

Presentes en espinacas, acelgas, cacao, remolacha y frutos secos. Se unen principalmente al calcio y pueden favorecer la formación de cálculos renales. En algunas personas también generan inflamación articular o digestiva. La cocción prolongada, el escaldado y el remojo ayudan a reducirlos. Acompañar estos alimentos con fuentes de calcio biodisponible puede evitar su absorción en el intestino.

Lectinas

Son proteínas que se unen a los carbohidratos de tus células, alterando la permeabilidad intestinal y generando respuesta inmune. Están presentes sobre todo en legumbres, cereales y solanáceas. Pueden provocar inflamación de bajo grado, disbiosis o síntomas autoinmunes. Se neutralizan parcialmente con cocción a presión, remojo largo y fermentación. Evita consumirlas crudas o poco cocidas.

Taninos

Polifenoles presentes en el té, el vino, las legumbres y algunos cereales. Inhiben la absorción de hierro y proteínas. También pueden irritar la mucosa gástrica. Aunque tienen ciertos efectos antioxidantes, su consumo crónico en combinación con comidas principales puede dificultar la nutrición. Se reducen con cocción prolongada y fermentación, y evitando su consumo junto a alimentos ricos en minerales clave.

La clave con estos compuestos no es eliminarlos todos, sino aprender a tratarlos. Tu cuerpo no fue diseñado para comer arroz integral a lo loco, avena cruda o lentejas sin remojar. Pero sí puede beneficiarse de una legumbre bien fermentada o de un cereal nixtamalizado. Procesar no es adulterar. Es entender cómo convertir un alimento hostil en algo biodisponible.

Ésa es la diferencia entre un cuerpo que sobrevive y un cuerpo que realmente se nutre.

13.5. Fitoestrógenos y sulforafanos: doble filo hormonal

Algunas plantas no se defienden sólo bloqueando tu digestión o secuestrando minerales, sino que lo hacen actuando sobre tus hormonas y ahí el daño puede ser más sutil, pero también más profundo. Dos grupos destacados en este terreno son los fitoestrógenos y los compuestos azufrados como el sulforafano, ambos celebrados por la cultura de la salud, pero peligrosos cuando no se entienden en contexto.

Fitoestrógenos

Los fitoestrógenos son compuestos presentes sobre todo en la soja, el lino y algunas legumbres. Su estructura química les permite unirse a receptores de estrógeno humanos, aunque con menor afinidad. ¿El problema? Que en un entorno ya alterado hormonalmente —como el de la mayoría de las personas expuestas a disruptores endocrinos, plásticos y luz artificial—, estos compuestos pueden sumar confusión y desregulación. En hombres, se han asociado a reducción de testosterona libre. En mujeres, a alteraciones menstruales y problemas tiroideos.

La soja moderna, además, contiene cantidades elevadas de isoflavonas y suele cultivarse con agrotóxicos. No es comparable con la soja fermentada ancestral (como el miso o el natto), ni con su consumo ocasional y ritual en culturas tradicionales. En contextos urbanos, industrializados y con microbiota deteriorada, los fitoestrógenos pueden convertirse en un factor más de sobrecarga hormonal.

Sulforafanos

Provenientes principalmente de los vegetales de la familia *Brassica* (brócoli, coliflor, col rizada, etc.), estos compuestos han sido promocionados como anticancerígenos por su capacidad de inducir enzimas de la segunda fase en el hígado. Pero esa «inducción» es en realidad una señal de estrés. Un xenobiótico leve que puede activar defensas antioxidantes propias si el cuerpo está en buen estado.

El problema es que muchas personas consumen grandes cantidades de crucíferas crudas (por ejemplo, batidos verdes con brócoli o kale) sin saber que también contienen bociógenos: sustancias que interfieren con la captación de yodo y afectan a la función tiroidea. Además, su capacidad para inducir enzimas *detox* no significa que no generen también inflamación o molestias digestivas si se abusa.

Ambos compuestos —fitoestrógenos y sulforafanos— no son «malos» *per se*. Pero sí son moduladores hormonales potentes que requieren contexto, medida y estado fisiológico adecuado. En un entorno tóxico, debilitado y con barreras intestinales frágiles, lo que en otro tiempo pudo ser medicina, hoy puede actuar como veneno lento.

Tercera parte

COMER PARA REGENERAR

Pero ¿qué es la sostenibilidad?

La palabra *sostenibilidad* se viene repitiendo en los últimos tiempos tanto que corre el riesgo de vaciarse de sentido. Pero, en su esencia, sigue siendo una brújula válida: satisfacer tus necesidades hoy sin comprometer las de quienes vendrán después. ¿Podríamos definirla así? Esta idea se sostiene sobre tres pilares inseparables que son la economía (prosperidad), el medio ambiente (el planeta) y la sociedad (las personas).

La Organización de las Naciones Unidas para la Alimentación y la Agricultura (FAO) lo ha expresado con precisión al hablar de dietas sostenibles: aquellas que tienen un bajo impacto ambiental y contribuyen a la seguridad alimentaria, a la salud y a una vida plena tanto para ti como para las generaciones futuras. Dietas que protegen la biodiversidad, que respetan los ecosistemas, que son culturalmente significativas, justas, asequibles y, por supuesto, nutricionalmente adecuadas. Es decir: sostenibilidad sin salud no es sostenibilidad. Sostenibilidad sin coherencia ética tampoco lo es.

Ahora bien, se ha repetido hasta el infinito que la ganadería es uno de los principales culpables del deterioro ambiental, y es cierto que, en su versión industrial, genera impactos muy preocupantes, pero también es cierto que eliminar al ganado no resolvería el problema: lo agravaría. Ya lo sé. Esto duele a muchos.

Tú puedes elegir otro camino. Un camino en el que el ganado no es enemigo, sino herramienta regenerativa. Donde animales bien manejados enriquecen el suelo, secuestran carbono, restauran el equilibrio hídrico y mineral, y promueven la biodiversidad. Un modelo que no niega el impacto, pero lo transforma de destructivo a curativo.

La clave está en gestionar los recursos naturales con inteligencia, con humildad, con el deseo profundo de volver a formar parte de los ciclos que la vida diseñó mucho antes de que tú llegaras.

¿Competencia entre animales y humanos por la comida? La falacia de que «los animales nos quitan la comida»

Pocos argumentos se repiten con tanta insistencia como éste: que el ganado compite contigo por los alimentos, que cada bistec implica desperdiciar kilos de cereal que podrían alimentar a los pobres, que criar animales es un acto de egoísmo ecológico. Suena bien. Tiene ritmo de eslogan. Pero como todo eslogan, carece de contexto.

Los grandes regeneracionistas —como Allan Savory o Joel Salatin— lo han explicado una y otra vez: el ganado no compite con el ser humano, lo complementa. El 85 por ciento de lo que come el ganado no podrías comerlo tú ni aunque quisieras. Son hojas, tallos, cascarillas, bagazos, pulpas, rastrojos, residuos de cosecha, restos de molienda, subproductos de cerveceras o almazaras, fibras sin valor gastronómico, pero con enorme valor ecológico.

Gráfico. Ganadería y humanos: ¿competencia o complemento?

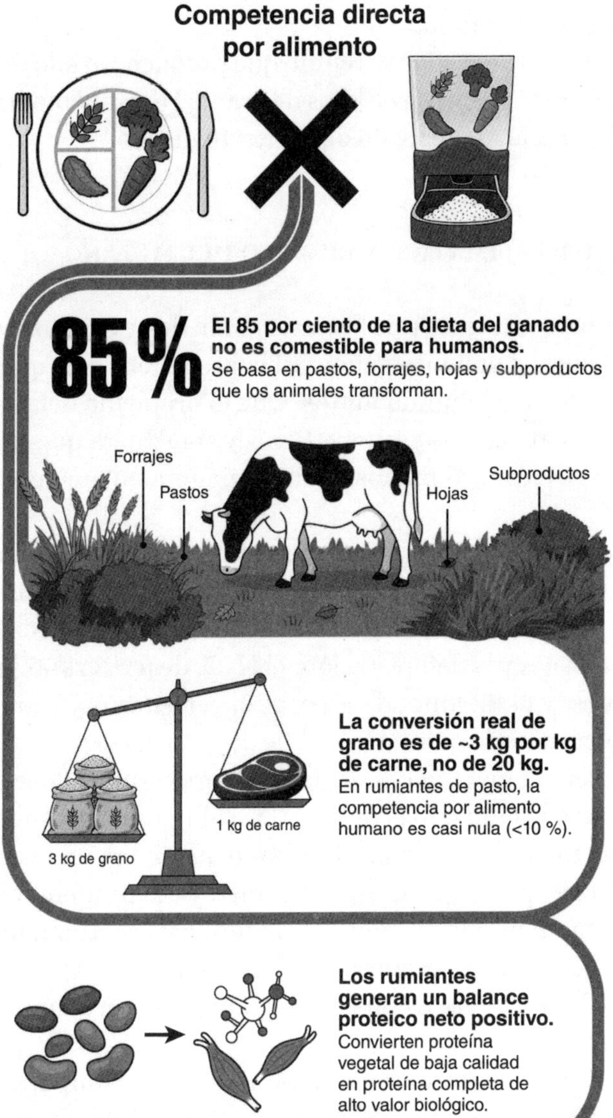

Fuente: Elaboración propia, © Salomart.

Y cuando el animal las consume, no sólo las transforma en carne o leche: las devuelve al suelo en forma de fertilidad, de carbono, de vida.

Durante décadas se repitió que producir un kilo de carne exige entre seis y veinte kilos de grano. Hoy sabemos que eso es falso o, al menos, está descontextualizado.

El mito climático y el ciclo del metano

Has oído mil veces que las vacas están destruyendo el planeta. Que sus «pedos» calientan la atmósfera más que todos los coches del mundo juntos. Que el problema del siglo XXI tiene cuatro patas y rumia. Pero ¿y si te dijera que eso tampoco es cierto, al menos no de la manera en que te lo cuentan?

Empecemos por el principio. En agricultura hay tres gases de efecto invernadero clave: CO_2, N_2O (óxido nitroso) y CH_4 (metano). El CO_2 proviene de la quema de combustibles fósiles y la deforestación; el N_2O, de fertilizantes industriales, y el metano, de arrozales, vertederos y rumiantes. Hasta ahí todo correcto.

Pero el metano tiene una vida corta —unos doce años— frente a los mil o más del CO_2. Y, sobre todo, no añade carbono nuevo al sistema. El carbono que libera una vaca proviene del pasto que acaba de comer, y ese pasto lo tomó del aire mediante fotosíntesis. Cuando la vaca eructa metano, ese gas se oxida de nuevo a CO_2, las plantas lo reabsorben y el ciclo continúa. Es un circuito biológico, no una deuda atmosférica.

El problema surge cuando el ciclo se rompe. Cuando metemos a millones de animales en corrales, cuando acumulamos su estiércol en balsas anaeróbicas, cuando los alimentamos con soja importada y antibióticos. Ahí sí hay emisión neta, porque el sistema se industrializa y se desconecta de la tierra.

El daño no viene de la vaca, sino del modelo que la encierra. Del mismo modo que el humo no es culpa del árbol, sino de quien lo quema. La naturaleza, en cambio, tiene mecanismos de equilibrio que la industria ignora.

El estiércol fresco de una vaca pastando no es residuo: es alimento para escarabajos peloteros, para hongos, para bacterias que oxigenan el suelo y reducen la formación de metano. El pastoreo rotacional estimula el crecimiento vegetal, fija carbono y mantiene húmedo el terreno. Cuando el sistema funciona por completo, el metano no se acumula, se recicla.

Por eso, antes de culpar al animal, hay que distinguir carbono fósil de carbono biogénico. El primero proviene del subsuelo y se añade de forma irreversible a la atmósfera. El segundo circula en la superficie, dentro del ciclo de la vida. Confundirlos es un error conceptual tan grande como comparar una respiración con una combustión.

Por tanto, el problema no son las vacas. El problema es haber convertido la biología en industria. El *feedlot* no es un pastizal; es una fábrica de desequilibrios. Pero en un sistema regenerativo, la vaca no contamina: restaura. Transforma biomasa sin valor humano en proteína completa y, al hacerlo, fertiliza, hidrata, reforesta y estabiliza el ecosistema.

La ciencia confirma que un manejo holístico del pastoreo puede capturar más carbono del que el propio animal emite. En ese equilibrio dinámico está la clave del futuro alimentario. No se trata de eliminar vacas, sino de rediseñar el vínculo entre el hombre, el animal y la tierra.

Así que cuando alguien te diga que la solución al cambio climático es dejar de comer carne, pregúntale de qué carne habla. No es lo mismo un filete industrial que un filete regenerativo. No es lo mismo un residuo estancado que un ciclo vivo. El primero degrada, el segundo regenera.

La vaca no es el problema, el problema es el sistema que la apartó del paisaje y rompió el circuito que la hacía necesaria. Cuando esa conexión se restaure —cuando el estiércol vuelva al suelo, cuando la hierba vuelva a crecer, cuando el carbono vuelva a circular—, el cuento del miedo quedará obsoleto.

Porque la verdad es ésta: la ganadería regenerativa no compite contigo, coopera contigo. Te alimenta, alimenta al suelo y alimenta al planeta. Y al hacerlo, cierra el ciclo que la agricultura industrial olvidó.

14

Alimentar al mundo: entre la nutrición, la tierra y la verdad incómoda

Repensar cómo alimentar al planeta sin arruinar su biología ni la nuestra. El debate contemporáneo sobre sostenibilidad alimentaria ha quedado atrapado en una lógica superficial, reducida a cifras de carbono, rendimientos por hectárea o calorías producidas. Pero detrás de esa contabilidad aparente late una realidad mucho más profunda: un sistema alimentario que enferma a las personas mientras degrada los ecosistemas que las sostienen.

14.1. La trampa del «calorías para todos»

El problema de alimentar al mundo rara vez es de cantidad, sino de calidad y distribución. En nombre de la «seguridad alimentaria», la agricultura global ha priorizado el volumen sobre la densidad nutricional. Hoy producimos más calorías que nunca, pero la humanidad sufre simultáneamente obesidad y deficiencias severas de micronutrientes.

Las estadísticas lo muestran con claridad: cientos de millones de personas padecen exceso de peso mientras otras tantas carecen de hierro, zinc o vitamina A. Esta paradoja no se debe a escasez, sino a una sobreproducción de energía vacía y una infraproducción de nutrientes esenciales.

Centrar la seguridad alimentaria en «alimentar estómagos» ha dado como resultado un colapso silencioso: poblaciones saciadas pero enfermas.

La verdadera sostenibilidad no es llenar graneros, sino nutrir organismos que puedan prosperar sin depender de fármacos, suplementos o sistemas sanitarios colapsados.

14.2. ¿Puede la carne alimentar a todo el mundo?

En la discusión sobre sostenibilidad alimentaria suele asumirse que producir alimentos para el ser humano consiste simplemente en generar calorías. Bajo esa lógica, cualquier cultivo que ofrezca más kilocalorías por hectárea se considera automáticamente «más eficiente». Sin embargo, el cuerpo humano no se sostiene con calorías vacías, sino con nutrientes: aminoácidos, ácidos grasos esenciales, minerales y vitaminas que actúan como cofactores de las reacciones metabólicas. Si el alimento no aporta esos elementos, la abundancia calórica se convierte en malnutrición.

La carne, en todas sus formas —músculo, vísceras, grasa, huesos o colágeno—, concentra los nutrientes más escasos y críticos para la fisiología humana. En términos de densidad y biodisponibilidad, ningún otro alimento ofrece una combinación equivalente.

La vitamina B12, el hierro hemo, el zinc, el selenio, la colina, el retinol o el DHA son prácticamente exclusivos del reino animal. Las plantas pueden contener análogos, pero en formas menos absorbibles o acompañadas de inhibidores como fitatos y oxalatos. Cuando se analiza la dieta global, se observa que las deficiencias más extendidas —anemia, hipovitaminosis A o déficit de zinc— coinciden con regiones donde el consumo de alimentos animales es bajo.

Desde el punto de vista fisiológico, la proteína de la carne es completa: aporta los nueve aminoácidos esenciales en proporciones óptimas para el tejido humano. Su digestibilidad supera el 95 por ciento, frente al 60 u 80 por ciento de las fuentes vegetales. Esto significa que, para obtener la misma cantidad de proteína utilizable, se necesita ingerir entre un 30 y un 50 por ciento más de legumbres o cereales. Si se traduce a escala de producción global, la eficiencia nutricional de la carne por hectárea aumenta cuando se mide en gramos de aminoácidos absorbidos, no simplemente en gramos de proteína bruta.

Pero más allá de la composición química, la carne ejerce un efecto regulador sobre el apetito que tiene implicaciones directas en la sostenibilidad alimentaria. La sensación de saciedad no depende sólo del volumen de alimento, sino de la calidad del estímulo que el cuerpo recibe. La presencia de proteína completa y de grasa natural desencadena respuestas hormonales —leptina, colecistoquinina, péptido YY— que comunican al cerebro que las necesidades han sido cubiertas. Este mecanismo, profundamente conservado en la evolución, es lo que permite que los depredadores coman hasta saciarse y luego puedan pasar horas o días sin necesidad de volver a alimentarse.

En el ser humano, esa misma fisiología persiste. Estudios comparativos han mostrado que las comidas ricas en proteína y grasa animal prolongan la saciedad durante el doble de tiempo que las basadas en carbohidratos.[30, 31, 32] Una dieta con suficiente carne no sólo aporta más nutrientes por bocado, sino que reduce el número total de bocados necesarios.[33, 34] A escala poblacional, este efecto se traduce en menor consumo global de alimentos, menor desperdicio y menor presión sobre el sistema agrícola.

La verdadera eficiencia alimentaria comienza, por tanto, en la saciedad. Un individuo bien nutrido no necesita comer de forma compulsiva ni frecuente; su metabolismo entra en un estado de estabilidad hormonal. Los niveles de glucosa permanecen constantes, la insulina se reduce y el cuerpo accede con facilidad a sus reservas energéticas. Esta autorregulación metabólica disminuye la demanda calórica diaria y, con ella, la carga sobre los recursos agrícolas. Paradójicamente, la sociedad que más teme a la carne es también la que más come en volumen, precisamente por haber perdido la capacidad de sentirse saciada.[35]

Cuando el consumo de carne se sustituye por el de pro-

30. Westerterp-Plantenga, Margriet S., Lemmens, Sofie G., y Westerterp, Klaas R., «Dietary protein - its role in satiety, energetics, weight loss and health», *British Journal of Nutrition*, 108, S2 (2012), pp. S105-S112.

31. Leidy, Heather J., *et al.*, «The role of protein in weight loss and maintenance», *The American Journal of Clinical Nutrition*, 101, 6 (2015), p. 1320S-1329S.

32. Paddon-Jones, Douglas, *et al.*, «Protein, weight management, and satiety», *The American Journal of Clinical Nutrition*, 87, 5 (2008), p. 1558S-1561S.

33. Veldhorst, Margriet A., *et al.*, «Dose-dependent satiating effect of whey relative to casein or soy», *The American Journal of Clinical Nutrition*, 90, 3 (2009), pp. 519-528.

34. Astrup, Arne, «The satiating power of protein—a key to obesity prevention?», *The American Journal of Clinical Nutrition*, 82, 1 (2005), pp. 1-2.

35. Hall, Kevin D., *et al.*, «Ultra-processed diets cause excess calorie

ductos vegetales ultraprocesados, el ciclo metabólico se distorsiona. Los alimentos de alto índice glucémico provocan picos rápidos de insulina, seguidos de descensos bruscos de glucosa que estimulan nuevamente el apetito. El cuerpo interpreta esa fluctuación como una señal de escasez y pide más comida. Así se crea un bucle de hambre permanente que no se resuelve con abundancia calórica. A nivel social, ese patrón conduce a un incremento del consumo total de alimentos y al derroche de recursos energéticos en la fabricación, transporte y refrigeración de productos de baja densidad nutricional.

En contraste, las dietas ricas en alimentos animales tienden a reducir de manera espontánea la ingesta total. No porque impongan restricción, sino porque proporcionan una señal clara de suficiencia. Las personas que basan su alimentación en carne, huevos, pescado y grasa natural reportan, de forma consistente, una disminución del apetito y una mayor estabilidad energética.[36] Desde un punto de vista ecológico, esto significa que una población bien nutrida necesita menos producción total para mantenerse sana. La sostenibilidad no depende sólo de cómo se produce la comida, sino de cuánto necesitamos consumir para estar completos.

La densidad nutricional de la carne también modifica la ecuación agrícola. Un kilogramo de carne de pasto contiene, en términos de micronutrientes biodisponibles, el equivalente a varios kilogramos de verduras o cereales. Si se considera la superficie de tierra requerida para obtener una can-

---

intake and weight gain: an inpatient randomized controlled trial», *Cell Metabolism*, 30, 1 (2019), pp. 67-77.e3.

36. Drewnowski, Adam, «The nutrient rich foods index helps to identify healthy, affordable foods», *The American Journal of Clinical Nutrition*, 91, 4 (2010), pp. 1095S-1101S.

tidad específica de hierro, zinc o vitamina B12, los sistemas ganaderos extensivos resultan más eficientes que los agrícolas. El error del análisis convencional está en comparar calorías sin ponderar el valor biológico de cada caloría. No todas las kilocalorías son iguales: una que aporta aminoácidos esenciales y vitaminas liposolubles cumple funciones que ninguna combinación vegetal puede reemplazar.

Además de saciar, la carne ordena el metabolismo. Al reducir la dependencia del azúcar como fuente primaria de energía, se estabiliza el eje insulina-glucagón y se favorece la oxidación de grasas. Este equilibrio hormonal se traduce en menos inflamación sistémica, mejor sensibilidad a la insulina y mayor eficiencia energética celular. En términos bioquímicos, el cuerpo aprende a «funcionar con menos», porque cada molécula de ATP se produce de manera más limpia y sostenida. La persona que come de forma densa y estable no necesita estimulación constante del apetito ni recurrir a suplementos para completar carencias.

Desde la perspectiva evolutiva, la carne no fue un lujo ocasional, sino un pilar del desarrollo humano. El crecimiento cerebral, la reducción del intestino y la expansión cognitiva de los homínidos coincidieron con la incorporación sistemática de proteína animal en la dieta. Esa relación no sólo explica nuestra fisiología actual, sino también nuestras limitaciones digestivas para procesar grandes volúmenes de fibra. El sistema digestivo humano no está diseñado para fermentar celulosa, sino para extraer energía de grasas y proteínas. Por eso, las dietas eminentemente vegetales requieren comer con mucha frecuencia: el alimento es menos concentrado y su energía se libera de forma más lenta e incompleta.

En el contexto actual, con la mayoría de las personas viviendo en entornos urbanos con estrés, ritmos irregulares y acceso limitado a alimentos frescos, el valor de la saciedad adquiere una dimensión social. Una alimentación centrada en carne y productos animales reduce la ansiedad alimentaria, simplifica las decisiones y disminuye la dependencia de ultraprocesados. Lo que ocurre aquí no es sólo metabólico, sino psicológico: menos tiempo pensando en comida, más estabilidad emocional y menos consumo impulsivo.

El impacto colectivo de esta eficiencia metabólica es enorme. Si cada persona reduce su ingesta diaria en un 20 o un 30 por ciento por efecto de la saciedad y mantiene una salud metabólica adecuada, el sistema agrícola global podría disminuir su producción calórica sin comprometer la nutrición. Eso significa menos presión sobre los suelos, menos transporte, menos residuos y menos gasto sanitario. La carne de calidad, al contrario de lo que se afirma, no multiplica la huella ecológica: la redistribuye hacia la eficiencia.

La sostenibilidad alimentaria no se logra multiplicando la producción vegetal, sino multiplicando la calidad y biodisponibilidad del alimento. La carne, al proporcionar densidad y saciedad, permite que el cuerpo humano funcione con menor volumen de comida y con mayor estabilidad fisiológica. Cada vez que una persona se alimenta con carne de pasto, está reduciendo la necesidad global de energía agrícola y química. En ese sentido, la carne bien producida no sólo alimenta al individuo; libera al planeta de parte de su carga.

14.3. Nunca se acuerdan de los costes sanitarios

El impacto ambiental del sistema alimentario no se limita a la producción de comida. Abarca también los efectos secundarios que la mala nutrición genera sobre la salud humana y, a través de ella, sobre el consumo de recursos materiales y energéticos. Cuando la dieta se vuelve metabólicamente ineficiente, la sociedad entera se transforma en una maquinaria de gasto: hospitales, fármacos, plásticos, energía eléctrica y residuos que podrían haberse evitado si el alimento cumpliera su función biológica.

Las enfermedades metabólicas —diabetes tipo 2, obesidad, síndrome metabólico, esteatosis hepática— representan ya una de las mayores fuentes indirectas de contaminación global. Mantener con vida a una población enferma requiere cantidades crecientes de energía, agua y materiales. Cada paciente diabético necesita jeringas, tiras reactivas, dispositivos electrónicos, fármacos orales y, en fases avanzadas, tratamientos como la diálisis, que consume decenas de miles de litros de agua y cientos de kilovatios-hora de electricidad por año. Todo ese flujo de materiales se convierte en desecho sanitario.

La Organización Mundial de la Salud estima que más del 10 por ciento de la población adulta padece diabetes tipo 2, y que más de mil millones de personas presentan sobrepeso u obesidad.[37, 38, 39] El sistema sanitario global gasta cerca del 10 por ciento de su presupuesto en el tratamiento de estas enfermedades. Si se convirtiera ese gasto en equivalentes energéticos, la huella ambiental asociada superaría con creces las emisiones atribuidas a la ganadería. En otras palabras, la enfermedad metabólica es un contaminante invisible que rara vez se incluye en los cálculos de sostenibilidad.

La dieta moderna, basada en alimentos ultraprocesados y carbohidratos refinados, es el origen directo de esa crisis.

37. *World Health Statistics 2023: monitoring health for the SDGs*, Organización Mundial de la Salud, 2023.

38. «Obesidad y sobrepeso», Organización Mundial de la Salud, actualización de 2022.

39. *Global report on diabetes*, Organización Mundial de la Salud, 2016.

A nivel bioquímico, la sobreexposición constante a la glucosa y la fructosa obliga al páncreas a producir insulina de manera continua. Con el tiempo, los receptores celulares se vuelven resistentes y el organismo necesita cantidades crecientes de energía para mantener la homeostasis. Este estado de hipermetabolismo conduce a inflamación crónica, daño vascular y agotamiento energético. Desde la perspectiva ecológica, un metabolismo inflamado es un metabolismo derrochador: gasta más energía para obtener menos resultado.

En cambio, una alimentación centrada en alimentos de alta densidad nutricional —carne, pescado, huevos, grasa natural— restablece la eficiencia interna del organismo. Los niveles de insulina disminuyen, el hígado recupera su capacidad de oxidar grasas y el tejido adiposo deja de acumular energía. Los ensayos clínicos que comparan dietas bajas en carbohidratos con las basadas en alimentos ultraprocesados muestran reducciones significativas de glucemia, triglicéridos y marcadores inflamatorios. Cuando el cuerpo humano vuelve a funcionar como un sistema metabólicamente eficiente, su demanda energética total desciende.

El beneficio ecológico de esa eficiencia fisiológica es doble. Por un lado, reduce el consumo global de alimentos: una persona saciada y con sensibilidad a la insulina estable come menos y con menos frecuencia. Por otro lado, reduce la dependencia del sistema sanitario, que es uno de los sectores de mayor huella material y energética del planeta. Cada hospital, cada laboratorio y cada cadena de suministro farmacéutica implican transporte, climatización, esterilización y gestión de residuos. Prevenir la enfermedad mediante nutrición adecuada tiene un impacto climático más directo que cualquier política de reciclaje.

La producción regenerativa de carne añade otra capa de coherencia. Mientras las dietas basadas en ultraprocesados dependen de cadenas industriales largas, la carne de pasto se produce localmente, con baja necesidad de embalajes, refrigeración y transporte. Cada kilo de carne real sustituye potencialmente cientos de envases, etiquetas, aditivos y suplementos vitamínicos. En términos termodinámicos, es una transferencia de la complejidad industrial hacia la simplicidad biológica.

La relación entre nutrición y gasto médico no es sólo económica, sino energética. El sistema sanitario mundial consume aproximadamente el 5 por ciento de la energía total y genera alrededor del mismo porcentaje de las emisiones globales de CO_2. Si una parte significativa de las enfermedades crónicas tiene origen alimentario, entonces la mejora de la dieta representa una de las estrategias de mitigación más efectivas. Cada punto porcentual de reducción en la incidencia de diabetes u obesidad equivale a miles de toneladas de carbono evitadas, no por captura directa, sino por prevención del gasto energético asociado.

En este sentido, la carne de calidad no es un lujo, sino una inversión en eficiencia ecológica. Su consumo adecuado reduce el hambre fisiológica, la inflamación y la necesidad de medicación. Al mismo tiempo, devuelve al suelo los nutrientes que el cuerpo no utiliza y que se reincorporan al ciclo agrícola. La proteína animal no genera residuos tóxicos; sus subproductos —colágeno, grasa, minerales— pueden reintegrarse al sistema alimentario o energético. La economía circular que el discurso ambiental busca en la industria ya existe en la biología.

El coste real de eliminar la carne del sistema alimentario sería, por tanto, un aumento del gasto energético y sanitario. Una población con carencias proteicas y micronutricionales requiere más suplementos, más fármacos, más intervenciones. El impacto total sería mayor, aunque el conteo superficial de emisiones parezca menor. Lo que se gana en «reducción de carbono» se pierde en la vitalidad humana. Y una sociedad enferma es, por definición, una sociedad ambientalmente insostenible.

El vínculo entre salud metabólica y sostenibilidad suele pasarse por alto porque los indicadores climáticos se centran en moléculas, no en organismos. Pero la fisiología humana forma parte del ecosistema. Un metabolismo en equilibrio representa una economía energética optimizada, igual que un suelo con alta materia orgánica. Ambos almacenan energía en forma de orden, no de desecho. Cuando la dieta destruye ese orden, la entropía aumenta y el sistema necesita más recursos para mantener la vida.

Desde este punto de vista, la carne de pasto cumple una función ecológica dentro del cuerpo similar a la que cumple en el suelo: estabiliza, repara y recicla. Sus aminoácidos sirven para construir tejidos y neurotransmisores, sus grasas saturadas y monoinsaturadas proporcionan energía estable; sus vitaminas liposolubles regulan la expresión genética y la inmunidad. Al restaurar la integridad metabólica, el cuerpo humano reduce su dependencia de estímulos externos y de intervenciones tecnológicas.

La prevención a través de la nutrición es, por tanto, una estrategia de conservación de recursos. Mantener a una persona sana cuesta menos energía, menos agua y menos materiales que tratar a una persona enferma. En un modelo alimentario que prioriza densidad sobre volumen, cada kilo de carne real equivale a cientos de kilos de comida industrial evitada y a miles de litros de agua ahorrados indirectamente.

Cuando se integra esta dimensión en el análisis ambiental, la conclusión cambia radicalmente. Una alimentación basada en carne de origen regenerativo no sólo puede alimentar al mundo, sino hacerlo de forma más limpia, con menos gasto sanitario y con un metabolismo social más eficiente. Lo que se percibe como un problema climático es, en realidad, una oportunidad para reequilibrar la relación entre nutrición, salud y energía.

Cuando se analiza la capacidad del planeta para alimentar a su población, la cuestión central no es la disponibilidad absoluta de tierra, sino el modo en que se utiliza. Los cálculos que sostienen que «la carne no puede alimentar al mundo» parten de una suposición simplificadora: que toda la tierra agrícola puede destinarse a cultivos vegetales. En la práctica, esto es imposible. De los más de cinco mil millones de hectáreas de superficie agrícola del planeta, cerca del 70 por ciento son pastizales o tierras marginales no aptas para labranza. Sólo un tercio posee condiciones de fertilidad y humedad suficientes para sostener cultivos anuales. Pretender que toda la alimentación humana provenga de esos cultivos implica forzar al límite un recurso que ya se encuentra en declive.

Modelos de simulación basados en datos de Van Zanten y colaboradores muestran que, incluso manteniendo la población actual de rumiantes, la productividad de proteína digestible por hectárea podría aumentar entre un 20 y un 60 por ciento al pasar de una gestión extensiva tradicional a una rotativa planificada.[40] El secreto no está en tener más animales, sino en gestionarlos mejor. La densidad óptima de pastoreo varía según el clima y la vegetación, pero los sistemas regenerativos tienden a concentrar los rebaños durante períodos cortos y permitir largos descansos del terreno. Este patrón imita los movimientos de los herbívoros salvajes y maximiza la fotosíntesis sin agotar la cobertura vegetal. Con ello se logra un equilibrio dinámico en el

40. Van Zanten, H. H. E., *et al.*, «Opinion paper: The role of livestock in a sustainable diet: a land-use perspective», *Animal*, 10, 4 (2016), pp. 547-549.

que la productividad del suelo, la disponibilidad de pasto y la capacidad de carga se retroalimentan.

La carne obtenida bajo estas condiciones no es un producto escaso, sino el resultado de un sistema ecológico maduro. En regiones semiáridas de África, América y Australia, los programas de gestión adaptativa han permitido recuperar miles de hectáreas de terreno degradado y aumentar la biomasa forrajera en más de un 30 por ciento. El Marin Carbon Project, en California, ha documentado incrementos de hasta tres toneladas de carbono por hectárea y año en praderas sometidas a pastoreo planificado.[41, 42, 43] En Sudáfrica y Latinoamérica, los proyectos asociados al Savory Institute han demostrado que el retorno de los herbívoros controlados restaura la cubierta vegetal, reduce la erosión y mejora el rendimiento hídrico. En Europa, los sistemas tradicionales de dehesa —mezclas de pasto, encina y ganadería— son ejemplos funcionales de equilibrio entre producción animal, forestal y biodiversidad.

Estos casos evidencian que el planeta ya dispone del espacio necesario para una ganadería regenerativa a gran escala. Si se destinaran a este modelo sólo la mitad de los pastizales actuales, la producción mundial de proteína animal sería suficiente para cubrir las necesidades de la población prevista para mediados de siglo. Y lo haría regenerando suelo, no agotándolo. Los cálculos de eficiencia deben incluir, además,

41. Silver, Whendee L., Ryals, Rebecca, y Eviner Valerie, «Soil carbon pools in California grasslands ecosystems», *Rangeland Ecology & Management*, 63, 1 (2010), pp. 128-136.

42. Ryals, Rebecca, y Silver, Whendee L., «Effects of organic matter amendments on net primary productivity and greenhouse gas emissions in annual grasslands», *Ecological Applications*, 23, 1 (2013), pp. 46-59.

43. Plieninger, Tobias, Pulido, Fernando, y Schaich, Harald, «Effects of land-use change on Mediterranean oak woodlands: dehesas of Spain», *Landscape Ecology*, 19, (2004), pp. 579-594.

la energía solar capturada, el carbono fijado y el agua almacenada en cada hectárea de pasto. Cuando se suman estos factores, la eficiencia ecológica global de la carne regenerativa supera la de cualquier monocultivo vegetal.

Desde una perspectiva demográfica, la alimentación basada en sistemas mixtos —animales y vegetales complementarios— es también más resiliente. Los cultivos dependen de estaciones, precipitaciones y fertilizantes; los animales pueden adaptarse a variaciones climáticas extremas y aprovechar recursos locales. En un contexto de cambio climático, esa flexibilidad se traduce en seguridad alimentaria. La dependencia exclusiva de cereales y legumbres concentrados en regiones específicas del planeta genera vulnerabilidad geopolítica. La diversificación mediante ganadería regenerativa distribuye la producción y reduce el riesgo de colapso por sequías o interrupciones logísticas.

El modelo actual de agricultura intensiva utiliza más energía de la que produce en forma de alimento. La relación entre energía fósil invertida y energía alimentaria obtenida supera, en algunos cultivos, diez a uno. En cambio, un pastizal gestionado correctamente funciona con energía solar directa y recicla sus nutrientes internamente. Por cada unidad de energía fósil usada para mover al rebaño o procesar la carne, el sistema devuelve varias unidades de energía biológica almacenada en forma de proteína y grasa. Si se evaluara la eficiencia energética neta del conjunto de la producción mundial de alimentos, la incorporación de animales en sistemas regenerativos reduciría drásticamente el consumo de combustibles fósiles.

Además, la ganadería regenerativa ofrece coproductos esenciales: cuero, sebo, gelatina, colágeno y fertilizante natural. Estos subproductos sustituyen materiales sintéticos y químicos derivados del petróleo. Cada kilogramo de carne producida en un sistema circular evita la necesidad de fabricar plásticos, cosméticos o abonos industriales. En términos de economía material, la ganadería es una fábrica biológica multifuncional que aprovecha todas sus partes sin generar residuos permanentes.

Desde el punto de vista social, una transición hacia modelos regenerativos también tendría efectos positivos. La descentralización de la producción ganadera favorece economías rurales estables, reduce la concentración industrial y devuelve autonomía a las comunidades agrícolas. El trabajo humano se orienta hacia el cuidado del ecosistema, no hacia la operación mecánica de infraestructuras intensivas. La regeneración del suelo genera empleo de proximidad, conocimiento técnico y arraigo cultural, factores que contribuyen a la estabilidad demográfica en zonas rurales.

La idea de que los animales domésticos desplazan a la fauna salvaje se debilita cuando la gestión es ecológicamente sensible. Los pastos regenerados se convierten en hábitats compartidos donde coexisten especies silvestres y ganaderas. En muchas regiones de África y América, los rebaños gestionados han permitido la recuperación de aves, insectos polinizadores y pequeños mamíferos. La ganadería regenerativa no elimina la biodiversidad: la reproduce.

Si se proyecta este enfoque a escala global, el escenario más probable no es un planeta cubierto de vacas, sino un mosaico de ecosistemas activos en el que la producción de alimentos se integra en los ciclos naturales. Los monocultivos ceden paso a paisajes multifuncionales, praderas, bosques y zonas agrícolas interconectadas. En ese contexto, la carne no es el enemigo, sino el vehículo que mantiene el flujo energético entre tierra y humanidad. Alimentar al mundo con carne de pasto no significa multiplicar rebaños, sino restaurar relaciones.

La demografía humana y la biología del suelo comparten un principio común: la estabilidad depende de la diversidad y del equilibrio. La ganadería regenerativa encarna ese principio porque distribuye la presión sobre el territorio, optimiza el uso del agua y devuelve materia orgánica al suelo. Es un modelo que produce alimento mientras repara los daños del modelo anterior. La transición hacia este sistema no requiere una revolución tecnológica, sino una comprensión profunda de la ecología.

Si el siglo XX se caracterizó por la agricultura industrial que agotaba los recursos para alimentar a la población, el siglo XXI puede definirse por la agricultura regenerativa que alimenta a la población mientras repara los recursos. En ese marco, la carne deja de ser un símbolo de lujo o de impacto para convertirse en una herramienta de resiliencia. Alimentar a ocho o diez mil millones de personas con carne no sólo es posible, sino necesario si se quiere conservar la base biológica del planeta.

La eficiencia global no consiste en producir más toneladas de grano, sino en crear sistemas metabólicamente autosuficientes. Cuando los animales vuelven al paisaje, la tierra se renueva, el carbono se fija y la energía se conserva. En términos termodinámicos, la carne regenerativa representa una forma de orden biológico que reduce la entropía del sistema global. En un planeta sometido al desgaste de la agricultura lineal, esa restauración de orden es el recurso más valioso que tenemos.

14.4. Hacia una ética regenerativa

La solución no está en negar que toda vida se alimenta de vida, sino en hacerlo de forma circular y consciente. Los animales, las plantas, los suelos y las personas forman un tejido de reciprocidad que no puede reducirse a eslóganes morales ni a métricas de carbono.

Alimentar al mundo de manera sostenible implica recuperar la biología del ciclo, en la que los desechos son nutrientes y la muerte sostiene la vida. Implica restaurar el suelo como órgano vivo del planeta y reconocer que la salud humana comienza bajo nuestros pies.

La pregunta no es si podemos alimentar al mundo con carne, sino si podemos hacerlo sin entender el papel que los animales desempeñan en la fertilidad de la tierra y en la nutrición humana. Cuando la alimentación deja de ser un acto industrial y vuelve a ser un proceso ecológico, los conceptos de «eficiencia», «ética» y «sostenibilidad» dejan de estar enfrentados. Entonces sí, alimentar al mundo deja de ser un problema y se convierte en una oportunidad para regenerarlo.

15

Ganado y agua: por qué el problema no es lo que crees

Si realmente quieres entender la relación entre el ganado y el uso del agua, vas a tener que salir del discurso plano y masticado que circula por todos lados. Porque el problema no es sólo técnico, sino también de enfoque. Es algo similar a lo que pasa en el estudio de la mente: hay una tensión constante entre dos formas de ver el mundo: una que mide, clasifica y cuantifica, y otra que interpreta, conecta y simboliza.

Cuando hablamos del medio ambiente te hacen reducir la vida a una cifra y pierdes el sentido del sistema que sostiene esa vida. La simplificación mata el matiz. Te dicen: «Cada kilo de carne de res supone una huella hídrica de 15.000 litros de agua», y listo, ya estás convencido de que comer carne es un acto ecológicamente criminal. Pero esa cifra incluye el agua de lluvia, que iba a caer igual, con o sin ganado. Y ahí está la trampa, confundes el ciclo natural con el «desperdicio». Si tomas en cuenta sólo el agua verdaderamente extraída —agua azul, subterránea, bombeada o redirigida—, la carne criada a pasto tiene una huella hídrica igual o menor que la de muchos productos vegetales de consumo masivo, como almendras, arroz, aguacates o nueces.

Tabla 15.1. El agua en tu plato: ¿cifra simple o sistema complejo?

<table>
<tr><th colspan="2">ENFOQUE 1: SIMPLIFICADO Y REDUCCIONISTA</th></tr>
<tr><td>Métrica principal: litros por kilo
Mide el volumen bruto de agua total consumida para producir un kilo de alimento.</td><td>Tipo de agua considerada: agua total
No diferencia entre agua de lluvia (verde) y agua de riego extraída (azul).</td></tr>
<tr><td>Rol del agua de lluvia: un gasto
Considera el agua de lluvia que cae sobre un pasto como un «coste» o «gasto» del ganado.</td><td>Efectos sobre el suelo: degradación
El mal manejo (sobrepastoreo) o la ausencia de animales causa escorrentía, erosión y compactación.</td></tr>
<tr><td>Relación con acuíferos: agotamiento
El riego intensivo para cultivos como almendros o aguacates agota y contamina las reservas de agua subterránea.</td><td>Enfoque de sostenibilidad: culpar al alimento
Califica ciertos alimentos (como la carne) de insostenibles, ignorando el sistema de producción.</td></tr>
<tr><td colspan="2">Ejemplo: agricultura intensiva en zonas áridas
Almendros en California o Murcia que usan masivamente agua azul de acuíferos sobreexplotados.</td></tr>
<tr><th colspan="2">ENFOQUE 2: SISTÉMICO Y ECOLÓGICO</th></tr>
<tr><td>Métrica principal: litros por valor nutricional
Mide el agua usada en relación con la densidad de nutrientes (proteínas, vitaminas, etc.).</td><td>Tipo de agua considerada: verde, azul y gris
Distingue el agua de lluvia (ciclo natural) del agua extraída, que tiene un coste ecológico.</td></tr>
<tr><td>Rol del agua de lluvia: un recurso
La reconoce como parte esencial del ciclo hidrológico que un suelo sano debe retener.</td><td>Efectos sobre el suelo: regeneración y fertilidad
Aumenta biodiversidad, mejora estructura, reduce escorrentía y erosión.</td></tr>
<tr><td>Relación con acuíferos: recarga
Un suelo sano y poroso facilita la infiltración de agua de lluvia, recargando los acuíferos.</td><td>Enfoque de sostenibilidad: analizar el modelo
Evalúa cómo, dónde y bajo qué modelo se produce el alimento para determinar su impacto.</td></tr>
<tr><td colspan="2">Ejemplo: ganadería y agricultura regenerativa
Proyectos como AlVelAl (España) que restauran suelos y mejoran la retención de agua.</td></tr>
</table>

Nota: El debate sobre el agua y la alimentación se centra a menudo en cifras simplificadas que omiten el contexto ecológico. Estas tablas contrastan ese enfoque reduccionista con uno sistémico, revelando que el verdadero impacto hídrico depende del modelo productivo completo, no sólo del alimento.

Fuente: Elaboración propia.

Conclusión clave:

- **El problema no es el animal, sino el modelo de gestión.** Tanto el sobrepastoreo como la ausencia de animales degradan el ecosistema; el equilibrio está en el manejo adecuado.
- **Una comparación honesta requiere una métrica honesta.** Evaluar por «litros por valor nutricional» cambia radicalmente la perspectiva sobre la eficiencia hídrica.

¿Te sorprende? No debería. Porque el problema no es el animal en sí, sino cómo lo manejan los ganaderos. En sistemas bien gestionados, el pastoreo no sólo no desperdicia agua, sino que mejora la capacidad del suelo para retenerla. La lluvia no escurre, no arrastra nutrientes, no erosiona. Se filtra, se guarda, se reintegra. Eso lo hacen los animales. Pero claro, nadie te cuenta eso. Y nadie te lo va a contar.

Y ahora me encantaría que te fijes en esta ironía: muchas regiones áridas del mundo cultivan productos vegetales que demandan enormes cantidades de agua azul. Toma el ejemplo de California: ahí se producen almendras en plena sequía, usando el 80 por ciento del agua del estado, y gran parte de esas almendras se exportan. ¿Lo entiendes? Agua potable convertida en mercadería. Y mientras tanto, poblaciones enteras tienen problemas para acceder a agua limpia.

El Valle Central de California es uno de los lugares más secos de Estados Unidos y, sin embargo, los cultivos intensivos inundan los campos como si el agua sobrara. Es tan absurdo como suena. Y los impactos no son abstractos, el agua superficial se contamina, los acuíferos se agotan y, con ellos, desaparecen ecosistemas enteros. Pero eso, otra vez, queda fuera del debate.

En España, el panorama es muy parecido. En la región de Murcia, clima mediterráneo árido, se cultivan almendros en secano y regadío. Aunque aproximadamente el 85 por ciento de los cultivos están en secano, la intensa sequía actual ha obligado a regar cada vez más mediante pozos y el desembalse de acuíferos.[44, 45, 46]

En 2024, la Confederación del Segura ha declarado siete acuíferos sobreexplotados, y el gobierno regional ha destinado 4,5 millones de euros a arrancar 400.000 almendros muertos por la falta de agua.[47, 48] Mientras en Aragón, los almendros de secano también se ven afectados, la sequía ha reducido hasta un 30 por ciento la cosecha, comprometiendo la rentabilidad del sector. A pesar de ello, muchas plantaciones tradicionales persisten, aunque con riesgo de perder suelo fértil y agrobiodiversidad.

En contraste, hay iniciativas como el movimiento Alvelal en Almería-Murcia-Granada, donde agricultores regenerativos han plantado 240.000 árboles y restaurado 192 km^2 de paisaje con prácticas de retención de agua y regeneración de suelos, manteniendo el cultivo de almendras con menor estrés hídrico.

A esto deberías sumarle que cuando se comparan alimentos por kilo, se omite lo esencial, el valor nutricional. No puedes comparar un kilo de arroz con un kilo de carne de

44. Varios autores, «El cultivo intensivo de almendros se expande en zonas áridas de Andalucía a costa de los acuíferos», *El Salto Diario*.

45. De la Loma, José Manuel, «Los almendros, el nuevo "oro verde" que agota los acuíferos del Campo de Montiel», *El País*.

46. Fundación Nueva Cultura del Agua (FNCA), «La España seca se riega para exportar almendras y aceite».

47. «La expansión del almendro en regadío pone en jaque la sostenibilidad de la cuenca del Segura», Greenpeace España.

48. «La fiebre del almendro: beneficios para unos pocos, agua para nadie», WWF España.

pasto. La carne es mucho más densa en proteínas, aminoácidos, vitaminas y minerales. Entonces, si vas a hablar de agua, como poco debes hacerlo con honestidad, litros por valor nutricional, no por peso bruto. Cuando ajustas la cuenta de esa manera, surge la magia, la dolorosa verdad para los del relato, el cual cambia, y mucho.

Además, piensa esto, si eliminas el ganado de los ecosistemas naturales, vas a perder más de lo que podrías ganar. Porque tanto el sobrepastoreo (manejo desordenado) como el subpastoreo (ausencia total de animales) generan degradación. Los pastizales sin animales terminan arrasados por la erosión, la compactación y la pérdida de fertilidad. El equilibrio está —y siempre lo estuvo— en la gestión inteligente con rotación, biodiversidad y presencia activa.

Hay datos que no puedes ignorar. Casi el 80 por ciento del agua dulce extraída en el mundo va a la agricultura. Y más de la mitad de los acuíferos ya se están agotando a ritmos insostenibles. No es especulación, lo dijo la NASA. A pesar de todo, seguimos señalando al ganado y no al modelo productivo que arrasa suelos, derrocha agua y contamina reservas subterráneas. Cuando quieran hablarte de sostenibilidad, deberían mirar el sistema entero. Porque la carne no es el enemigo, el problema es cómo estás cultivando, dónde, con qué insumos y para qué mercados. Todo lo demás son distracciones.

Sí, necesitamos consumir con más conciencia. Pero esa conciencia tiene que estar basada en algo más que un eslogan. Porque cuando dejas de pensar en volumen y empiezas a pensar en funcionalidades, entiendes que los rumiantes bien gestionados no son parte del problema, sino de la solución. Y eso no es opinión. Es ecología básica.

No te lo dicen, pero el ganado criado con inteligencia aumenta la biodiversidad, fortalece los suelos, captura carbono y reduce la escorrentía. Eso sí, no lo hace solo. Lo hace cuando tú, como ser humano consciente, decides salir del pensamiento en blanco y negro y empiezas a ver la complejidad. La aceptas. Y apuestas por sistemas diferentes.

16

El arte de elegir tus alimentos: proximidad, temporalidad, calidad y relación con los productores

¿Sabías que no estás diseñado para comer lo mismo durante todo el año? Si hablamos de sostenibilidad y alimentación, hay otro tema que es importante tener en cuenta y relacionar: la estacionalidad.

Tus mitocondrias —las fábricas de energía de tus células— funcionan en sincronía con la luz solar, las estaciones y tu entorno. Y sí, comer una piña en plena Nochevieja en Madrid capital puede afectar a tu energía y tu salud más de lo que crees. La comida está ligada al sol. Sin sol, no hay frutas ni cereales. Por eso, en invierno, en zonas donde hace frío, no deberíamos estar comiendo carbohidratos vinculados a estaciones de sol y mucho menos tropicales. Si lo haces, estás enviando señales confusas a tu cuerpo, lo que le genera un estrés que deriva en inflamación. Y no, no es una aseveración sin fundamentos fisiológicos o sin evidencia, porque la vas a leer un poco más abajo. Por el momento, hazte a la idea de que toda la red alimentaria natural está sincronizada con el sol.

Sin luz solar no hay carbohidratos. Por eso, en invierno y en latitudes altas, la naturaleza no produce frutas ni cereales. Cuando comes fruta tropical, con los carbohidratos que eso conlleva, fuera de temporada, le estás diciendo a tu cuerpo: «Estamos en verano», cuando en realidad está oscuro y frío. Esa confusión crea estrés metabólico y favorece la inflamación crónica.

16.1. La clave está en los protones

Porque sí, la clave está en mirar a escala molecular...

Dentro de las mitocondrias, se genera energía mediante el flujo de protones de hidrógeno (H^+). Estos protones activan una enzima llamada ATP sintasa, que gira como un motor para producir energía, pero no todos los protones son iguales. Hay varios tipos de hidrógeno:

- Protio (^1H): ligero, sin neutrones.
- Deuterio (^2H): más pesado, con un neutrón.
- Tritio (^3H): radiactivo (muy raro).

Tus mitocondrias aman el protio (hidrógeno ligero) y detestan el deuterio (hidrógeno pesado). ¿Por qué? Por la «fluidez» que encontramos o no en ellos; el protio fluye rápido, estructurando y optimizando el motor del ATP, mientras que el deuterio, al ser más pesado, ralentiza ese motor, reduce la producción de energía y aumenta el estrés oxidativo (daño celular).

La pregunta aquí y ahora entonces es... ¿por qué no hay problema con los plátanos, las piñas y las frutas tropicales precisamente en los trópicos? Porque en esas regiones hay sol durante todo el año. La luz solar, especialmente la infrarroja y ultravioleta, es capaz de cargar tus células, mejorando ese flujo energético y protegiendo a tus mitocondrias. A más luz, más tolerancia al deuterio.

En los trópicos, el ambiente es más húmedo y cálido, y eso hace que el agua que retienen las plantas sea más rica en deuterio. Frutas como las que hemos mencionado son capaces de absorber esa agua y llenarse almacenando el hidrógeno pesado. En cambio, en regiones más frías, el agua natural contiene menos deuterio, por lo tanto, la fruta local de temporada tiene menos impacto metabólico.

Todo esto es importante para nuestra salud, pues un estudio publicado en 2025 en *Endocrine and Metabolic Science* propuso que el exceso de deuterio en las mitocondrias podría estar relacionado con el desarrollo del cáncer.[49]

Entonces, ¿qué deberías hacer ahora? Lo primero que necesitas entender es que tus mitocondrias no funcionan con «calorías». Nos han enseñado que lo importante es contar calorías, y cuadrar los macronutrientes —es decir, grasas, proteínas y carbohidratos—, para perder peso o ganar salud, pero tus mitocondrias —esas fábricas de energía dentro de tus células— no usan calorías como combustible sino electrones que obtienen de los alimentos que consumimos —no olvides el impacto que tiene en ese balance de energía el espectro solar, que informa y favorece o empeora todos los procesos de tu organismo— trasportándolos a través de esa cadena de transporte de electrones (ETC) de la que hablábamos antes que es donde generan ATP, la verdadera energía de tu cuerpo.

En segundo lugar, es esencial comprender la importancia que tienen el sol y su espectro de luz solar completo. El sol de la mañana implica la fase de reinicio diario y salir a exponerse a la luz natural cuando despiertas es vital, pues la luz activa tu reloj biológico interno y ajusta el metabolismo celular. Saltarte esta exposición te desconecta de tu propio ritmo.

49. Seneff, Stephanie, y M. Kyriakopoulos, Anthony, «Cancer, deuterium, and gut microbes: A novel perspective», *Endocrine and Metabolic Science*, 17, (2025), p. 100215.

Sin embargo, a veces, por cuestiones meteorológicas o por las latitudes en las que nos encontramos esto no es posible. No hay problema. Nuestra evolución y nuestras adaptaciones han facilitado y ofrecen siempre un plan B. La exposición al frío activa la producción interna de calor (infrarrojo) y estructura el agua dentro de tus células. Así se mantiene el flujo energético cuando no hay sol. El frío no es un enemigo. Es un sustituto natural del sol.

16.2. Estaciones y metabolismo

Y esto nos lleva a un nuevo punto. Para que lo tengamos claro: el verano es sinónimo de luz, crecimiento y expansión; mientras el invierno supone oscuridad, reparación y ayuno.

El verano es el momento ideal para comer frutas y aumentar el consumo de ciertos carbohidratos, moverse más y reproducirse. El invierno es el momento para descansar, consumir más grasas y reducir el consumo de carbohidratos. Si comes igual todo el año, desincronizas tu biología.

En verano puedes manejar más carbohidratos porque la luz solar activa óxido nítrico, que protege tus mitocondrias y mejora el flujo eléctrico con infrarrojos (IR). Esto estructura el agua celular, lo que nos provee de más energía. Es decir, que a más luz solar mayor tolerancia a los carbohidratos.

Las plantas eliminan el deuterio mediante una enzima llamada rubisco, favoreciendo el hidrógeno ligero. Por eso, comer comida real, local y de temporada mantiene bajos los niveles de deuterio. Y el problema lo encontramos cuando nos damos cuenta de que el consumo de vegetales suele venir muchas veces de la mano con el consumo de contaminantes y pesticidas como el glifosato, que activa las defensas antioxidantes de esos vegetales, por lo que el glutatión y el ascorbato que contienen se encuentran oxidados.

Figura 16.1. Sol y metabolismo: por qué toleramos mejor los carbohidratos en verano

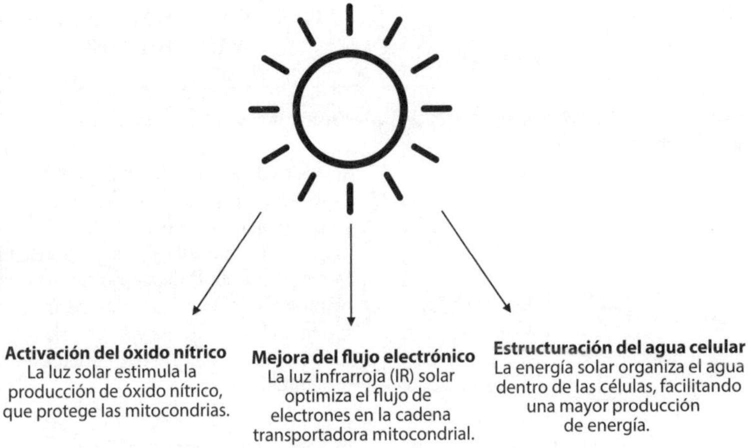

Fuente: Elaboración propia a partir de imágenes de © Shutterstock.

Durante la fotosíntesis, las plantas utilizan una enzima llamada rubisco, que tiende a incorporar con mayor facilidad el hidrógeno ligero frente al deuterio. Por este motivo, los alimentos vegetales frescos y poco procesados pueden presentar una composición más favorable desde el punto de vista metabólico. Sin embargo, la calidad nutricional de los vegetales depende en gran medida de cómo se cultivan. El uso de pesticidas y otros contaminantes puede generar estrés oxidativo en la planta, lo que afecta al estado de sus antioxidantes naturales, como el glutatión y el ascorbato.

En contraste, los azúcares refinados, los ultraprocesados y los aceites de semillas no pasan por estos procesos biológicos y carecen de mecanismos de selección natural del hidrógeno, por lo que su consumo excesivo puede interferir con el metabolismo energético celular, especialmente a nivel mitocondrial.

Tabla 16.1. Comer según tu entorno

CONTEXTO / VARIABLE	ENFOQUE ALIMENTARIO PREDOMINANTE	FUNDAMENTO FISIOLÓGICO Y BIOQUÍMICO
Invierno (altas latitudes)	Grasas, proteínas, órganos, fermentados	En condiciones de menor radiación solar y temperaturas bajas, el organismo prioriza sustratos densos en energía y nutrientes. Las grasas y proteínas sostienen la producción mitocondrial de ATP; los órganos aportan cofactores clave (retinol, hierro, cobre, B12) necesarios para la respiración celular; los fermentados modulan la microbiota y el sistema inmune, reduciendo el coste energético inflamatorio.
Verano	Frutas locales, bayas, hojas verdes, miel cruda	Con mayor luz solar y temperaturas más altas, aumenta la señal circadiana y la eficiencia metabólica. Los carbohidratos naturales de frutas y miel se oxidan con mayor facilidad; las bayas aportan polifenoles fotoadaptativos y las hojas verdes suministran minerales y nitratos que favorecen la vasodilatación y el flujo energético celular.
Alimentación local y estacional	Combinación ajustada al entorno y la época del año	Comer alimentos del entorno y de temporada sincroniza la señal metabólica con el reloj biológico. Esto reduce el estrés mitocondrial, mejora la eficiencia en el us de sustratos y favorece una producción energética más estable a lo largo del año.
DHA (ácido docosahexaenoico)	Mariscos y alimentos marinos	El DHA es un lípido estructural esencial d las membranas neuronales y mitocondriales. Aumenta la fluidez de membrana, mejora la velocidad de transmisión sináptica y optimiza la funció mitocondrial cerebral. Además, protege frente al estrés oxidativo y sostiene el enfoque mental y la eficiencia cognitiva.

Fuente: Elaboración propia.

16.3. Frutas, ritmos circadianos y salud: una sinfonía biológica olvidada

Como has podido ver, el cuerpo no come igual todo el año. Ahora quiero que entiendas cómo el alimento que consumes se comunica con tu biología. No sólo a través de nutrientes o calorías, sino mediante señales que activan o bloquean procesos fisiológicos profundos.

Porque tus ritmos circadianos —los ciclos de unas veinticuatro horas que regulan el sueño, la temperatura, la secreción hormonal y el metabolismo— están profundamente conectados con la luz solar. Y por tanto, también con la comida.

¿Por qué es tan importante la luz solar?

La luz solar regula la producción de melatonina, cortisol, dopamina, serotonina... pero también influye en cómo metabolizas la glucosa y los ácidos grasos. De hecho, la exposición a la luz infrarroja de la mañana ayuda a estructurar el agua intracelular, mejora la eficiencia mitocondrial y refuerza la tolerancia al deuterio, ese hidrógeno pesado que ralentiza la producción de energía celular.

Por eso, comer fruta con alto contenido en deuterio (como muchas frutas tropicales) en un entorno con poca luz solar es un error biológico.

La fruta tiene una temporada, igual que tu cuerpo

La naturaleza no ofrece frutas todo el año en todos los lugares. En climas fríos, durante el invierno, escasean. Y eso tiene un sentido evolutivo: nuestro cuerpo está diseñado para ciclar. En verano: luz, crecimiento, glucosa, movimiento. En invierno: oscuridad, grasa, reparación, ayuno.

Comer igual todo el año —como hace gran parte de la población occidental— es una forma de desincronizar tu reloj biológico. Y eso tiene consecuencias: aumento de grasa visceral, insomnio, ansiedad, fatiga crónica, infertilidad, deterioro cognitivo...

El ritmo de los polifenoles

No todos los compuestos de las frutas se comportan igual todo el año. Los polifenoles, moléculas bioactivas que ayudan a combatir el estrés oxidativo, cambian su perfil según la estación.

En verano, los polifenoles de las frutas como los frutos rojos o las cerezas están más concentrados, protegen del daño solar y ayudan al cuerpo a adaptarse al entorno cálido. En invierno, otras frutas (cítricos, granadas) ofrecen polifenoles más vinculados al sistema inmune.

Consumir polifenoles fuera de su contexto natural puede ser contraproducente. No es que pierdan eficacia, sino que pueden inducir respuestas biológicas no deseadas, desde inflamación hasta alteración del microbioma.

Ritmos centrales y relojes periféricos

Tu cuerpo no tiene un único reloj. Tienes un reloj maestro (en el núcleo supraquiasmático del cerebro) y relojes periféricos en todos tus órganos: hígado, corazón, intestino, músculos, etc. Pero todos ellos están sincronizados con la luz y la comida.

Cuando comes fruta fuera de estación, no sólo alteras el reloj maestro, también estás desajustando los relojes periféricos, provocando descoordinación entre funciones internas que deberían ir a la par. Es como si cada instrumento de una orquesta tocara en un compás diferente.

16.4. El problema de las recomendaciones genéricas

La mayoría de las guías oficiales te dicen que comas cinco frutas al día. Sin matices. Sin diferenciar entre una manzana local recogida en octubre y un mango traído de Perú en febrero. Sin tener en cuenta tu exposición solar, tu cronotipo, tu nivel de inflamación o tu estado metabólico.

Este reduccionismo ha llevado a patologías como el síndrome metabólico, la resistencia a la leptina y la insulina, o la pérdida de sensibilidad mitocondrial. No es lo mismo comer un plátano después de correr al sol que comerlo frente a un ordenador en invierno.

¿Significa esto que la fruta es mala? No. Significa que la fruta, como cualquier alimento, tiene un contexto. Un terreno fértil donde sus beneficios florecen y un terreno hostil donde sus efectos pueden ser contraproducentes. Y ese terreno es tu entorno biológico y ambiental. En verano, al aire libre, después de moverte y tomar el sol, la fruta puede ser un elixir. En invierno, con falta de luz, tras un desayuno con azúcar y cereal, puede ser un desastre.

¿Y qué deberías hacer?

- Come fruta de temporada y local. Si hace frío fuera, limita las frutas tropicales.
- No comas fruta por la noche: bloqueas la melatonina y alteras tu sueño.
- Prioriza frutas ricas en fibra y con menos carga glucémica.

- Observa cómo reacciona tu cuerpo: si te sientes somnoliento, inflamado o con antojos después de comer fruta, tal vez no sea el momento adecuado.

Escucha al sol, no a la industria. Ya has aprendido que tus mitocondrias no entienden de calorías, sino de electrones, de protones, de luz, de frío y de estaciones. La fruta puede ser medicina o veneno, según cuándo y cómo la tomes. Por tanto, recuerda siempre: comida real, local y estacional. Tu cuerpo sabrá qué hacer con ella.

16.5. Tan importante es comer como saber dónde lo haces

Muchos de los que me leéis me preguntáis a menudo: «Jota, si tuvieras que elegir la mejor dieta posible para un ser humano, ¿cuál sería?». Y aunque es una buena pregunta, siento que muy pocos estáis prestando atención a algo que, desde la filosofía regetariana, es incluso más fundamental que la dieta en sí. Algo que se encuentra antes que los macronutrientes, antes que las calorías, incluso antes que el alimento: el lugar donde lo cocinas.

No quieras construir la casa por el tejado. La cocina no es un simple espacio funcional: es el altar doméstico donde la materia viva se transforma en sustento. Es, literalmente, el cruce entre la energía del fuego y los frutos de la tierra, y como tal requiere de conciencia. Puedes tener la mejor carne del mundo, un pescado salvaje lleno de nutrientes o los huevos más ricos en ácidos grasos omega 3 que puedas encontrar... pero si los cocinas en materiales tóxicos, tu salud estará igual de comprometida que si comieras comida basura.

Materiales como el teflón, el aluminio, los recubrimientos antiadherentes con sustancias perfluoroalquiladas y polifluoroalquiladas (PFAS y PFOAS), o los plásticos sometidos a calor son auténticos saboteadores silenciosos. Están presentes en la mayoría de los hogares, normalizados por la industria moderna como «fáciles de limpiar» o «no pegajosos». Pero esa comodidad tiene un coste fisiológico, emocional y ambiental.

El enemigo en tu sartén

El teflón, por ejemplo, es famoso por sus propiedades antiadherentes, pero también por liberar gases tóxicos a altas temperaturas. Los PFAS que lo componen están catalogados como posibles carcinógenos y disruptores endocrinos. No sólo afectan a tu tiroides, sino también a tu sistema inmunitario, a tu fertilidad y hasta a tu desarrollo neurológico si estás en etapas sensibles como la infancia.

El aluminio, otro clásico en muchas cocinas, tiene la capacidad de filtrarse en los alimentos, especialmente los ácidos, y se ha relacionado con procesos inflamatorios crónicos, deterioro cognitivo y enfermedades neurodegenerativas como el alzhéimer. No es casualidad que la industria alimentaria esté empezando a etiquetar productos como «libres de aluminio».

Y los plásticos sometidos al calor, aunque no los uses directamente para cocinar, se vuelven problemáticos en microondas, envases para calentar o incluso tapas de recipientes. Muchos de ellos liberan ftalatos, bisfenoles y compuestos que imitan a los estrógenos naturales del cuerpo, alterando tu equilibrio hormonal. Estás cocinando con veneno disfrazado de practicidad.

Los materiales que recomiendo (y por qué)

La filosofía regetariana no sólo propone comer con sentido, sino también «cocinar con dignidad». Elegir los materiales adecuados es un acto de coherencia biológica, ancestral y espiritual. En mi casa, uso principalmente tres:

- Hierro fundido: es resistente, eterno y, si se cura bien, tiene propiedades antiadherentes naturales. Además, aporta trazas de hierro biodisponible a los alimentos. Se puede usar sobre fuego directo, horno o brasas. Es la sartén de los bisabuelos y sigue funcionando igual de bien.
- Olla de cocción lenta de cerámica (*crockpot*): permite cocciones largas y suaves que respetan la estructura de los alimentos. Ideal para caldos, estofados, huesos y carnes duras. La cerámica esmaltada de buena calidad no libera sustancias tóxicas y conserva el sabor original.
- Acero inoxidable de buena calidad, práctico, duradero y estable: es importante asegurarse de que sea acero quirúrgico (acero 18/10, por su composición de un 18 por ciento de cromo y un 10 por ciento de níquel) y no una aleación barata. Perfecto para hervidos, vapor o salteados cortos. Bien cuidado, puede durar toda la vida.

El retorno al fuego vivo

No se trata de volverte primitivo, sino de recuperar el sentido. Cocinar no es una función utilitaria, es una expresión cultural, emocional, fisiológica y espiritual. No comas comida de dioses sobre superficies tóxicas. Si algo es sagrado, trátalo como tal. Y el alimento lo es.

No necesitas una cocina de diseño ni un menaje de quinientos euros. Necesitas materiales nobles, tiempo, fuego y conciencia. Elige una sartén buena en lugar de cinco malas. Aprende a cocinar a fuego lento, a usar tapas, a aprovechar el calor residual.

Desintoxicar tu cocina es desintoxicar tu vida. Porque todo lo que comes pasa por ese fuego, por esa olla, por ese aceite. Y como en cualquier ritual, la pureza del recipiente afecta la calidad de lo que contiene.

Algunas acciones concretas que puedes aplicar desde hoy:

- Recicla tus sartenes de teflón rayadas o con años de uso.
- Deja de calentar comida en plásticos, incluso si dicen ser «aptos para microondas».
- Compra una olla de acero inoxidable de buena calidad: es una inversión, no un gasto.
- Visita tiendas de segunda mano: muchas veces hay joyas de hierro fundido por precios ridículos.
- Empieza por un utensilio, no necesitas cambiar todo de golpe.
- Porque en el fondo, no se trata sólo de lo que entra por tu boca. Se trata de lo que permites que pase por tu fuego.
- Y recuerda: una comida viva merece una cocina viva.

16.6. Conoce a quien te alimenta

¿Sabes quién cultiva lo que comes? ¿Conoces su rostro, sus manos, su historia? ¿Sabes si duerme bien, si trabaja con amor o con una deuda encima, si sus animales pastan bajo el sol o están encerrados entre paredes de hormigón? Probablemente no. Porque te han hecho olvidar que la comida no viene del supermercado, que no nace envuelta en plástico y que no se cultiva en pasillos refrigerados, ni se cría en cámaras de gas llenas de luz led.

Te hicieron creer que basta con llenar el carrito, pagar con tarjeta y listo. Que la salud cabe en etiquetas *light*, *eco*, «sin azúcar» o *veggie*. Que lo importante es el precio, no el origen. Que lo que cuenta es el número de calorías, no la temperatura del corazón de quien siembra. Pero en esa cadena invisible, en esa frialdad estéril, se ha roto uno de los vínculos más profundos que existen entre humanos, el de alimentar y ser alimentado. No es sólo un gesto comercial. Es una relación.

Has aprendido a desconfiar del sudor y a confiar en el código de barras. A sentirte moderno comprando sin tocar, sin oler, sin preguntar. Pero tu cuerpo lo sabe. Lo sabe tu sistema inmune, tu eje hormonal, tu instinto.

Porque comer no es sólo nutrirse, es pertenecer. Es enlazarte con un ecosistema, con una forma de vida, con un paisaje. Cuando comes de alguien, lo llevas dentro de ti. Cada molécula de proteína, cada gota de grasa, cada mineral absorbido... viene con una historia. Una historia que puede estar hecha de luz solar y amor a la tierra, o de antibióticos y prisa. Conocer a quien produce tu alimento es un acto político, biológico y espiritual. Es más importante que cualquier dieta. Es recuperar el territorio de tu salud. Es mirar a los ojos a quien ordeña a mano a las vacas que pastan en la colina. A quien recoge los huevos al amanecer, no en una cinta automática. A quien recoge tomates bajo el sol, no bajo fluorescentes. Esa persona no trabaja para ti, trabaja contigo, si tú decides formar parte.

Cuando compras carne de animales que han vivido, no que sólo han engordado, estás diciendo que la vida importa.

Cuando eliges huevos de gallinas que picotean el suelo, estás votando por la libertad, aunque nadie lo vea. Cuando compras una miel cruda, sin filtrar, estás protegiendo las abejas que polinizan tu mundo. Cuando comes verduras de una tierra que no ha sido envenenada con glifosato, estás cuidando tu linaje genético. Y cuando hablas con el productor, con el ganadero, con el apicultor... algo cambia. Tú dejas de ser consumidor y te conviertes en aliado. Ellos dejan de vender y comienzan a compartir.

Esto no es idealismo. Es supervivencia a largo plazo. La regeneración no empieza en el Congreso, ni en las cumbres del clima, ni en el marketing de las multinacionales. Empieza en tu plato. Y en cómo eliges llenarlo. No desde el anonimato. No desde una app que reparte en media hora lo que tardó cuatro meses en crecer. No desde un clic de oferta *flash*. Porque hay algo profundamente erróneo en comer sin saber. Y hay algo profundamente curativo en comer sabiendo: conociendo el terreno, conociendo el método y con la certeza de que ese cordero fue criado sin estrés. Que ese tomate fue regado con agua limpia. Que esa leche fue ordeñada por alguien que honra la vaca, no por una máquina que la exprime tres veces al día hasta dejarla estéril.

Cuando compras directamente a quien produce, no sólo estás comiendo mejor, también estás preservando razas antiguas que casi han desaparecido. Estás apoyando semillas resistentes que no dependen de Monsanto. Estás protegiendo suelos vivos llenos de lombrices, no tierras muertas embalsamadas con químicos. Estás cortando intermediarios que drenan valor, que roban calidad. Estás diciendo «sí» a otra economía, una en la que el tiempo tiene sentido y la comida no es mercancía, sino legado. Porque si no apoyas al agricultor local, acabarás financiando al médico. Si no valoras al pastor de tu valle, acabarás comiendo hamburguesas de proteína sintética y suplementos para la disbiosis. Y si no das tu dinero al que cultiva con corazón y con ganas, se lo estarás dando al que empaqueta sin alma. Conocer a quien te alimenta es un acto de soberanía. Es recordarle a tu cuerpo que no está separado de la tierra. Que tu sistema inmune no se construye en una farmacia, sino en la interacción diaria con lo real. Que tu microbiota ama lo imperfecto, lo irregular, lo que viene con un poco de barro o una etiqueta escrita a mano.

Ve a un mercado de verdad. Visita una granja, aunque sea una vez. Habla con quien da vida a tu alimentación. Pregunta, escucha, aprende. Mira sus herramientas. Huele sus manos. Agradece. Y sobre todo, apoya. Con tu compra, sí. Pero también con tu palabra. Con tu recomendación. Con tu presencia física.

No necesitas hacerlo perfecto. No necesitas cambiar todo de golpe. Sólo empieza. Cambia un alimento a la semana. Deja de comprar por comodidad y empieza a comprar por coherencia. Cambia el precio por el valor. Cambia la distancia por el vínculo. Cambia la prisa por la presencia. Cuando pruebas un tomate que ha madurado al sol, sin prisas, o una leche recién ordeñada, con su espuma real, sin emulsionantes ni conservantes, lo entiendes. Lo sientes. La comida real sabe diferente. Nutre diferente. Es diferente.

Y detrás de cada alimento real hay una persona real. No una fábrica, un logotipo o un *influencer*. Una persona. Esa persona puede estar más cerca de lo que crees. Busca. Pregunta. Sal del supermercado. Ve a quien te alimenta y recuérdalo, si no sabes quién te da lo que comes, no sabes quién eres.

16.7. Una pequeña conclusión

La idea de que el ser humano debe elegir entre alimentarse y conservar el planeta es un falso dilema. La vida se sostiene gracias a intercambios constantes de materia y energía; la cuestión nunca fue si podemos comer sin causar impacto, sino si somos capaces de participar en el ciclo de un modo regenerativo. La carne, entendida desde su dimensión biológica y ecológica, representa uno de los medios más eficientes para hacerlo. No es un residuo del pasado ni una carga moral, sino una herramienta natural para cerrar los ciclos energéticos y nutritivos que la agricultura industrial rompió.

Durante milenios, los ecosistemas terrestres prosperaron bajo el equilibrio entre herbívoros, depredadores y vegetación. La materia fluía en un circuito cerrado; las plantas capturaban energía solar, los animales la transformaban y el suelo la almacenaba. En ese esquema, nada se desperdiciaba. La civilización moderna desarticuló esa lógica. Separó animales de plantas, campos de granjas y alimento de paisaje. Al hacerlo, convirtió la producción de comida en un proceso lineal; extraer, transformar y desechar.

La ganadería regenerativa ofrece el modelo inverso: integra nuevamente lo que la industrialización fragmentó. Donde antes había erosión, instala raíces; donde había monocultivo, restablece diversidad, y donde había gases acumulados, activa el reciclaje biogénico. Al mismo tiempo, produce carne, leche, huevos y grasa —los alimentos más densos y completos para la fisiología humana— con una huella neta de carbono cercana a cero o incluso negativa.

En términos ecológicos, no es un compromiso entre ética y supervivencia, sino una reconciliación entre ambas. La verdadera sostenibilidad no se logra prohibiendo procesos naturales, sino comprendiendo sus ritmos. Cada vaca que pasta en un sistema regenerativo es una mediadora entre el sol y el suelo; captura energía solar a través de la hierba y la devuelve en forma de carbono estable, fertilidad y alimento. Cada persona que se alimenta de esa carne forma parte de un mismo circuito energético. Desde esa perspectiva, comer deja de ser un acto de consumo para convertirse en un acto de participación ecológica.

El problema ambiental no es la carne, sino la desconexión. La desconexión entre el ser humano y los ecosistemas que lo nutren, entre la biología y la economía, entre la fisiología y la cultura. Una civilización que mide la eficiencia únicamente en toneladas y kilogramos pierde de vista la función regenerativa de los sistemas vivos. En biología, la eficiencia no significa extraer más, sino sostener el flujo sin destruir la fuente. La carne regenerativa cumple precisamente esa función; mantiene el flujo de energía dentro del ciclo solar-terrestre.

Restaurar ese equilibrio exige un cambio de paradigma; dejar de ver a los animales como competidores y reconocerlos como colaboradores metabólicos. Los rumiantes no compiten con nosotros por la comida; nos la devuelven en una forma más concentrada y biodisponible. No consumen agua que «pertenezca» a los humanos; la infiltran y la reciclan. No emiten carbono nuevo; lo mueven dentro del sistema vivo.

Al comprender esto, desaparece la dicotomía entre producción y conservación. El pastoreo regenerativo alimenta al mismo tiempo que repara.

La ética ambiental también se redefine. Durante décadas, la moral dominante se basó en la idea de minimizar el daño, incluso a costa de detener los ciclos vitales. El modelo regenerativo propone algo más ambicioso; maximizar la vida. No se trata de evitar la muerte, sino de garantizar que cada muerte produzca nueva vida. En el contexto de la alimentación, eso significa criar animales que vivan en plenitud biológica y que, al final de su ciclo, devuelvan al suelo lo que tomaron. Comer carne de ese sistema no es un acto de violencia, sino de reciprocidad.

A escala civilizatoria, la adopción de modelos regenerativos representa un retorno a la inteligencia del ecosistema. Los procesos lineales generan residuos; los procesos cíclicos generan fertilidad. La agricultura moderna, al extraer más de lo que devuelve, ha generado un déficit energético y mineral que ni la tecnología ni los suplementos pueden cubrir. Sólo el restablecimiento del vínculo animal-planta-suelo puede cerrar ese déficit. La carne, en este sentido, es más que alimento; es la expresión tangible de un ecosistema que funciona correctamente.

El bienestar humano y el bienestar planetario convergen en los mismos principios; densidad, saciedad, equilibrio, ritmo y regeneración. El cuerpo humano necesita nutrientes que sólo un suelo vivo puede producir, dicho suelo necesita animales que lo mantengan activo y los animales necesitan humanos que comprendan su función. Este triángulo define la biología de la sostenibilidad. Mientras se mantenga cerrado, la vida prospera. Cuando se rompe, surgen la enfermedad, la erosión y la dependencia industrial.

Desde la perspectiva sistémica, una alimentación basada en carne regenerativa no es una regresión, sino una síntesis. Combina el conocimiento ancestral de los ciclos naturales con la comprensión moderna de la fisiología y la termodinámica. Demuestra que es posible alimentar a una población creciente sin sacrificar la integridad ecológica. Y lo hace no mediante la expansión, sino mediante la restauración; producir regenerando, comer reparando.

Si el siglo XXI enfrenta de manera simultánea una crisis climática, sanitaria y energética, la respuesta no puede provenir de una industria que crea nuevas dependencias, sino de los procesos naturales que ya han resuelto esos problemas durante millones de años. El pastoreo regenerativo es uno de ellos. En lugar de buscar sustitutos sintéticos de la vida, podemos aliarnos con la vida. Así, la carne deja de ser un símbolo de división ideológica y se convierte en un punto de encuentro entre ciencia, ética y ecología. Es el alimento que nos recuerda que formamos parte de un ciclo mayor y que la sostenibilidad no consiste en retirarse de la naturaleza, sino en ocupar el lugar correcto dentro de ella.

17

De la teoría a la práctica: cómo comemos nosotros en casa

Después de recorrer la evidencia científica y ecológica, lo lógico es descender a la tierra, a la cocina, al acto cotidiano de comer. La teoría pierde su poder si no encarna en una práctica viva. Por eso, la forma en la que se come en un hogar regetariano es, ante todo, una extensión del mismo principio que guía la tierra: ritmo, densidad, respeto por los ciclos y ausencia de artificio.

En nuestra casa, comer carne no es un gesto de abundancia ni una bandera ideológica. Es una forma de participar en el ciclo biológico que nos sostiene. Cada comida es la consecuencia directa de una cadena de procesos naturales que comienzan mucho antes del plato: la fotosíntesis, el crecimiento del pasto, el pastoreo, el descanso del suelo y, finalmente, la transformación del animal en alimento. Comprender ese itinerario convierte el acto de comer en un ejercicio de conciencia ecológica, no de consumo.

La base de nuestra alimentación son los animales de pasto. No sólo por su perfil nutricional, sino por su coherencia con el entorno. En el plato aparecen sobre todo rumiantes —vaca, cordero, cabra— criados en sistemas extensivos o regenerativos, donde su alimentación proviene exclusivamente de hierba, heno o forraje sin granos. Esa diferencia aparentemente técnica se traduce en una composición completamente distinta de grasas y micronutrientes. La carne de un animal alimentado con pasto contiene más omega 3, más ácido linoleico conjugado (CLA), más antioxidantes liposolubles y un equilibrio inflamatorio más favorable. Cada bocado refleja la calidad del suelo donde creció el pasto, y el suelo, a su vez, refleja la salud del ecosistema.

Acompañamos esa base con órganos y partes menos populares: hígado, corazón, lengua, tuétano, callos, piel, tendones, etc. No por nostalgia o exotismo, sino por necesidad biológica. La naturaleza no diseñó a los animales para que se coman por partes, cada tejido complementa al otro. El músculo aporta proteína y hierro hemo; el hígado, vitamina A y cobre, mientras que los huesos, colágeno y minerales. Comer el animal entero —lo que antiguamente era simplemente comer— garantiza un perfil de nutrientes completo y reduce el desperdicio. Es una práctica ecológica y fisiológica al mismo tiempo.

La grasa ocupa un lugar central. Lejos de ser un enemigo, es el combustible principal de una fisiología estable. En nuestra cocina, la grasa animal reemplaza a los aceites vegetales industriales. Se usa manteca, sebo o mantequilla procedentes de animales de pasto. Esa grasa no sólo resiste el calor sin oxidarse, sino que aporta estabilidad energética, sacia, reduce el apetito y mantiene la mente clara durante horas. Comer con grasa suficiente elimina la necesidad de picar entre horas y restaura el sentido ancestral del ayuno natural entre comidas.

El ritmo de alimentación sigue el curso del día y de las estaciones. La luz solar marca los horarios, no el reloj. Por la mañana, cuando el cuerpo está orientado hacia la acción y la oxidación de grasas, se prioriza proteína y grasa, huevos, carne, caldo o sobras de la cena anterior. Al caer la tarde, la comida se hace más abundante, con presencia de carbohidratos naturales si los hay —raíces, frutas estacionales, tubérculos—, que ayudan a inducir el descanso nocturno al aumentar la leptina y favorecer la secreción de melatonina. No se come de noche ni bajo luz artificial, porque el metabolismo también duerme.

En invierno predominan los caldos, guisos y cortes grasos que aportan calor y energía densa, en verano, carnes magras, pescados, huevos y productos frescos. Esa oscilación estacional mantiene la flexibilidad metabólica y refleja el principio biológico de adaptación. No existe un menú fijo, sino un patrón que se ajusta al entorno, el alimento cambia cuando cambia la luz. El origen de los animales importa tanto como su especie. Preferimos carne de productores locales o cooperativas que practican pastoreo regenerativo, porque detrás de cada filete hay un suelo que se regenera y un paisaje que se conserva.

En la práctica, eso significa comprar menos cantidad pero de mayor calidad, planificar y aprovechar cada parte. Los huesos se convierten en caldos, la grasa se guarda para cocinar, los órganos se combinan con cortes magros, los restos se transforman en platos nuevos. La cocina se convierte en una extensión del ciclo ecológico: nada se desperdicia, todo vuelve.

No hay conteo de calorías ni cálculo de macronutrientes. La guía es la saciedad, no la estadística. Comer despacio, masticar y detenerse cuando el cuerpo indica que basta. La carne, por su densidad y por la señal hormonal que genera, hace que el hambre desaparezca antes de que el plato se vacíe. Esa sensación no es privación, es suficiencia. La saciedad no proviene de la cantidad, sino de la calidad del estímulo. Un cuerpo nutrido no necesita exceso, un cuerpo infraalimentado en micronutrientes nunca se sacia, por más volumen que ingiera.

La bebida también responde a la lógica natural: agua,

caldos o infusiones. Sin refrescos, sin zumos, sin azúcares añadidos. En ocasiones, un vino natural o una cerveza artesanal forman parte del ritual, pero siempre en contexto de comida y convivencia. Lo que se evita no es el placer, sino la desconexión. Comer es un acto social, no un trámite fisiológico, compartir alimento es prolongar el vínculo con la tierra y con los demás.

La proteína animal de calidad permite espaciar las comidas sin esfuerzo. Muchas veces bastan dos al día, o incluso una cuando el cuerpo está adaptado. No hay reglas rígidas, sino escucha. El ayuno intermitente no se impone, surge de manera espontánea cuando la saciedad es real y la energía estable. Así, la frecuencia de comida se adapta al metabolismo, no al revés.

En el día a día, la mesa regetariana se organiza de forma sencilla. El desayuno puede consistir en huevos con mantequilla, sobras de carne o un caldo. El almuerzo, en un guiso con cortes ricos en colágeno o una carne asada con grasa natural. La cena, si existe, suele ser ligera, un caldo, un trozo de pescado, algo de fruta o raíz cocida. No hay *snacks*, ni ultraprocesados, ni productos *light*. Sólo alimento real, preparado con tiempo y conciencia.

La cocina se convierte en un espacio de transformación simbólica, del fuego que cuece los huesos al vapor que libera los aromas, todo participa de una alquimia elemental. Comer así no es una disciplina, es una práctica que devuelve sentido. Se redescubre el sabor de lo simple y se restablece el diálogo entre cuerpo y entorno. El hambre vuelve a ser física, no emocional, el placer, profundo y calmo. En el fondo, el modo de alimentarse en un hogar regetariano refleja la misma idea que guía todo el modelo: vivir dentro del ciclo, no contra él.

La comida no es una mercancía, es una forma de energía solar transformada por la vida animal y vegetal. Cuando se come carne de animales que han vivido en libertad y en su hábitat natural, el cuerpo recibe algo más que nutrientes, recibe información biológica coherente. Esa coherencia se traduce en salud, equilibrio y claridad mental.

Por eso, decir que la carne puede alimentar al mundo no significa llenar estómagos, sino restaurar relaciones. Significa devolver al alimento su lugar en la cadena ecológica y devolver al ser humano su lugar en la tierra. Comer así —como se come en casa, sin prisa, con respeto, con gratitud— es un acto político y biológico a la vez, una afirmación silenciosa de que la sostenibilidad no se decreta en informes, se cocina.

17.1. Ejemplos de menús estacionales basados en animales

Un patrón regetariano no se organiza por calorías ni por macronutrientes, sino por estaciones, luz y metabolismo. La alimentación acompasa la duración del día, la temperatura, la disponibilidad natural de los alimentos y la fisiología circadiana del cuerpo humano. Y así es como lo ponemos en práctica mi familia y yo.

El principio estructural es claro: alimento animal como base y vegetales como acompañamiento contextual. Menos de un 25 por ciento del volumen diario proviene del reino vegetal, siempre de temporada y preparado con técnicas tradicionales (fermentación, remojo, cocción lenta). El resto —entre un 70 y un 80 por ciento— procede del mundo animal: carnes, vísceras, huevos, pescados, mariscos, cefalópodos y lácteos de animales de pasto.

El patrón semanal se distribuye con un ritmo metabólico propio:

- Cuatro días centrados en rumiantes, pescados grasos, mariscos y huevos.
- Tres días con presencia de monogástricos (pollo, cerdo, pato, conejo) siempre en cortes grasos o combinados con grasa natural.
- Las fuentes vegetales y hongos se integran como complemento: tubérculos, hojas amargas, setas, frutos secos, legumbres remojadas y fermentadas.

La lógica biológica es sencilla: los rumiantes aportan la densidad nutricional más estable y antiinflamatoria; los monogástricos, consumidos con moderación y cuando son criados en libertad, añaden variedad y aportes grasos concretos, y los productos del mar introducen yodo, selenio y ácidos grasos de cadena larga que refuerzan la función tiroidea y neuronal.

Vamos a ver ahora un modelo estacional —primavera, verano, otoño e invierno— con ejemplos de menús regetarianos semanales.

Primavera

La transición del frío al calor activa la limpieza hepática y la renovación tisular. El objetivo es favorecer la depuración sin caer en carencias. Predomina la carne magra de pasto, los huevos y el pescado azul pequeño. Se introducen los primeros vegetales verdes, amargos y ricos en azufre, así como lácteos frescos.

Ejemplo semanal:

- **Lunes:** desayuno de huevos camperos y mantequilla; almuerzo de filete de vacuno con espárragos y manteca; cena con sardinas al horno y hojas amargas.
- **Martes:** desayuno de caldo de huesos y trozos de cora-

zón; almuerzo de pescado azul (caballa) con setas salteadas; cena de requesón con miel y nueces.

- **Miércoles** (monogástrico): desayuno de panceta de cerdo ibérico con col fermentada y nabo cocido; cena ligera con caldo.
- **Jueves:** desayuno de *carpaccio* de ternera con yema; almuerzo de cordero estofado con hierbas; cena de mejillones al vapor.
- **Viernes** (marino): desayuno de caldo de pescado con espinas, huevo poché y limón; almuerzo de pulpo con aceite de oliva; cena de kéfir y fruta local.
- **Sábado** (monogástrico): desayuno de pollo de corral asado con grasa propia y ajo; guarnición de espinacas con mantequilla.
- **Domingo** (monogástrico): desayuno de conejo estofado con setas; postre de yogur y frutos del bosque.

Verano

Con más horas de luz y mayor gasto de agua y minerales, la dieta se hace más ligera y acuosa, pero sigue siendo animal. Abundan pescados, mariscos, huevos y carnes menos densas. Se aprovechan frutas estacionales y vegetales hidratantes, sin perder el eje proteico-graso.

Ejemplo semanal:

- **Lunes:** desayuno de huevos duros y queso curado; almuerzo de ensalada de pulpo con aceite de oliva; cena de sardinas y melón.
- **Martes** (monogástrico): lomo de cerdo ibérico con gazpacho espeso y aceitunas.
- **Miércoles:** *carpaccio* de ternera y ensalada de tomate; cena de tortilla de gambas.

- **Jueves:** mariscada simple (mejillones, navajas) y mantequilla de hierbas; cena ligera con kéfir y frutas locales.
- **Viernes:** desayuno de caldo frío de huesos con colágeno; almuerzo de pescado blanco con alioli; cena de yogur entero y almendras.
- **Sábado** (monogástrico): pollo campero a la brasa con grasa visible; acompañamiento de berenjenas al horno.
- **Domingo:** chuletón de vacuno joven, pimientos asados y vino natural.

El cuerpo regula el calor interno mejor con grasas estables que con azúcares; por eso incluso en verano se mantiene la grasa animal como eje termorregulador.

Otoño

Tiempo de retorno a la densidad. Se restablece la reserva energética y se prepara el metabolismo para el invierno.

Predominan los guisos, las carnes rojas, los caldos concentrados y los productos del bosque (setas, frutos secos, raíces).

Ejemplo semanal:

- **Lunes:** desayuno de caldo de huesos con tuétano; almuerzo de estofado de vaca vieja con zanahoria y chirivía.
- **Martes:** almuerzo de filete de hígado con cebolla; cena de pescado azul (caballa o sardina) y setas.
- **Miércoles** (monogástrico): cerdo de bellota con puré de castañas y col fermentada.
- **Jueves:** almuerzo de guiso de rabo de toro con vino tinto; cena ligera de yogur entero.

- **Viernes:** almuerzo de pulpo o sepia a la plancha; cena de huevos con champiñones y grasa animal.
- **Sábado** (monogástrico): pato guisado con calabaza y hierbas; postre de kéfir y miel.
- **Domingo:** asado de cordero con grasa visible, acompañado de coles de Bruselas y vino natural.

Invierno

La estación de la concentración y la grasa. El frío exige energía lenta y sostenida; el metabolismo se adapta mejor a comidas ricas en colágeno, grasa y micronutrientes densos. Se reduce la carga vegetal, aumentan los caldos y la cocina lenta.

Ejemplo semanal:

- **Lunes:** desayuno de caldo de huesos y yema; almuerzo de estofado de vaca con médula y cebolla caramelizada; cena de huevos y queso curado.
- **Martes:** desayuno de caldo con grasa flotante e hígado salteado; cena de caballa con mantequilla y limón.
- **Miércoles** (monogástrico): tocino curado, legumbre fermentada (garbanzo o lenteja) y chuleta de cerdo.
- **Jueves:** caldo de tuétano, lengua guisada con nabo y repollo; cena ligera con yogur entero.
- **Viernes:** pescado azul con mantequilla y hierbas; sopa de marisco y caldo de cabeza.
- **Sábado** (monogástrico): pollo campero en manteca y ajo; acompañamiento de col fermentada.
- **Domingo:** estofado de cordero y tuétano; postre de leche cruda con canela.

El invierno es la estación del fuego interno. El cuerpo funciona mejor con alimentos termogénicos: grasa saturada, colágeno o proteína completa. Comer denso aquí no es exceso, es inteligencia metabólica.

En todas las estaciones se repite el principio general: el alimento animal es el eje energético, la grasa su vehículo, la proteína su estructura, y la fibra vegetal su modulador. El 25 por ciento vegetal restante cumple una función simbiótica: aportar textura, microbiota, minerales y señales estacionales. Nunca sustituye, sólo acompaña.

Las legumbres se consumen de manera esporádica, siempre remojadas, germinadas o fermentadas, para neutralizar sus antinutrientes. Los frutos secos se tuestan o activan; las frutas se eligen locales y maduras. Las setas actúan como transductores metabólicos: son hongos con lógica animal, ricos en ergosterol y precursores de vitamina D.

Este modo de comer no es restrictivo, sino ritmado. Hay abundancia y ayuno, fuego y frescor, proteína y descanso. Cada plato responde al entorno, no al calendario comercial. En el fondo, el menú regetariano no es una lista de alimentos, sino una coreografía: el cuerpo humano y la tierra bailando al mismo compás solar.

17.2. Cómo debería comer un regetariano si basara su alimentación a partes iguales entre carne y vegetales

En el marco regetariano, la alimentación no se mide por porcentajes fijos de macronutrientes, sino por coherencia biológica. El objetivo no es sumar alimentos de distintos reinos, sino combinarlos en el mismo lenguaje metabólico. Cuando el alimento animal y el vegetal se integran correctamente —con respeto al suelo, a la luz y al tiempo—, lo que generan es una sinfonía metabólica, no un híbrido confuso.

Esta versión del patrón regetariano conserva los principios del modelo ancestral, pero amplía su horizonte hacia una dieta mixta, densa y simbiótica, donde cada elemento cumple una función fisiológica concreta.

Equilibrio biológico: mitad animal, mitad vegetal

Una alimentación dividida a partes iguales entre el reino animal y el vegetal no significa neutralidad, sino complementariedad. El alimento animal —carne, vísceras, pescado, huevos, lácteos y caldos— continúa siendo el núcleo energético y estructural, fuente de aminoácidos, grasas estables y micronutrientes liposolubles.

Los alimentos vegetales, por su parte, aportan diversidad metabólica, fitoquímicos, fibra fermentable y señales estacionales que comunican al cuerpo el entorno en que vive. El equilibrio surge cuando ambos reinos cooperan: el animal repara y estructura, el vegetal modula y regula.

Desde el punto de vista fisiológico, esta relación sigue la lógica de Weston A. Price,[50] los alimentos animales garantizan la robustez y la fertilidad; los vegetales tradicionales y fermentados proporcionan equilibrio intestinal, antioxidantes y variación estacional.

¿Recuerdas los cuatro jinetes del apocalipsis metabólico?

Toda dieta regetariana equilibrada evita las cuatro categorías que distorsionan la biología humana y el ciclo ecológico:

50. Fundación Weston A. Price, <https://www.westonaprice.org/espanol>.

1. **Azúcares industriales y fructosa libre.** Inhiben la oxidación de grasa, elevan la insulina y generan hígado graso.
2. **Aceites vegetales refinados.** Oxidan las membranas, alteran la relación entre el omega 6 y el omega 3, y fomentan inflamación sistémica.
3. **Harinas ultraprocesadas.** Desnaturalizan el cereal, destruyen la fibra y multiplican la carga glucémica.
4. **Proteínas sintéticas y ultraprocesados *plant-based*.** Sustituyen la biología por ingeniería alimentaria, sin aportar densidad ni coherencia metabólica.

Evitar estos cuatro agentes no es una opción estética, sino un requisito fisiológico. La integridad metabólica depende de la ausencia de esas interferencias industriales.

Los cereales según el tiempo y la tradición

En otoño y verano, cuando el cuerpo alterna entre almacenamiento y actividad solar, los cereales tradicionales —trigo sarraceno, avena, espelta, centeno, arroz integral o maíz nativo— pueden integrarse cuatro días por semana, siempre en su forma no refinada, fermentada o germinada.

Esta práctica sigue el principio documentado por Weston Price, los granos antiguos fermentados aportan energía, microbiota y equilibrio intestinal sin provocar inflamación. La fermentación predigiere el almidón, reduce el ácido fítico y libera minerales (zinc, magnesio, hierro). De esta manera, el cereal deja de ser un competidor de los alimentos animales y se convierte en su aliado estacional.

En invierno y primavera, en cambio, el cuerpo necesita más densidad grasa y menos carga glucídica; en esas estaciones, el cereal desaparece o se reduce a una porción simbólica, reemplazado por raíces, legumbres fermentadas o tubérculos locales.

La estructura semanal del equilibrio mixto

El patrón de siete días se mantiene rítmico, alternando fuentes animales y vegetales según la digestibilidad y el entorno:

- Tres días centrados en rumiantes o pescados grasos.
- Dos días con monogástricos en cortes grasos.
- Dos días con protagonismo vegetal (hongos, legumbres fermentadas, cereales germinados).

La idea no es «descansar» de la carne, sino permitir que el sistema digestivo utilice distintas rutas metabólicas. Los días más vegetales se planifican tras jornadas de alta carga proteica, para favorecer la microbiota y el reciclaje de aminoácidos a través del ciclo de la urea y el glutatión.

Las setas: el puente entre reinos

En esta versión regetariana mixta, las setas y los hongos son el punto de unión entre el mundo vegetal y el animal. Desde la perspectiva bioquímica, poseen pared celular vegetal (quitina), pero metabolismo animal (ergosterol, precursores de vitamina D y aminoácidos completos).

Su consumo regular aporta betaglucanos inmunorreguladores y enzimas antioxidantes únicas. En otoño y primavera actúan como moduladores de la respuesta inflamatoria y protectores del ADN mitocondrial. Por eso, en el patrón regetariano equilibrado, las setas no son un adorno, sino un órgano del ecosistema alimentario.

El papel de las legumbres

Las legumbres no se excluyen, pero se transforman, se activan, fermentan o germinan. Así se reduce su carga de antinutrientes y se mejora su perfil aminoacídico. Su función es microbiológica, no proteica, alimentar la flora intestinal para potenciar la síntesis de butirato y reforzar la barrera epitelial.

No sustituyen a la carne, la complementan en la reconstrucción intestinal.

Distribución de alimentos según estación

- **Primavera:** carnes magras de pasto, pescados pequeños, vegetales verdes y fermentos ligeros.
- **Verano:** pescados, mariscos, frutas locales y cereales fermentados cuatro veces por semana; comidas más acuosas.
- **Otoño:** carnes rojas, vísceras, legumbres fermentadas, setas, cereales germinados cuatro veces por semana.
- **Invierno:** caldos, colágeno, grasa, raíces, poca fruta, sin cereales o en mínima cantidad.

La proporción 50/50 no se mide por volumen, sino por función: cada grupo cumple un papel metabólico distinto dentro del año solar.

¿Por qué este equilibrio es sostenible?

La parte vegetal (donde incluyo también las setas) reduce la presión de consumo animal sin perder densidad nutricional; la mitad animal restaura el equilibrio metabólico y hormonal que una dieta puramente vegetal no puede ofrecer. Ambos juntos regeneran el suelo y el cuerpo: los animales fertilizan, las plantas cubren y protegen.

El regetariano que come así no separa reinos, los reintegra. La biología humana se nutre de la cooperación entre organismos, no de su exclusión. Comer de esta manera significa respetar la reciprocidad natural: los animales necesitan pastos; los pastos, raíces; las raíces, microorganismos; y nosotros, a todos ellos.

Ejemplo de jornada mixta (otoño)

- Desayuno: kéfir natural con avena fermentada y frutos secos activados.
- Comida: guiso de cordero con lentejas germinadas y setas; pan de masa madre integral.
- Cena: caldo de huesos con vegetales de raíz, mantequilla y huevo poché.

Cada plato cumple una función, el kéfir y la avena repueblan; el cordero repara; las legumbres fermentadas estabilizan; el caldo regenera. Nada sobra, todo coopera.

1. Una dieta regetariana mixta —animal y vegetal a partes iguales— no es una concesión, sino una evolución del mismo principio, la simbiosis. El animal aporta estructura, el vegetal ritmo, el hongo transición. Comer así significa vivir dentro de un ecosistema de reciprocidad en el que los cereales antiguos y fermentados son mensajeros estacionales.
2. Los vegetales no son refugio moral, sino medicina.

3. Y los alimentos animales siguen siendo el lenguaje primario de la vida.

La clave no es la proporción, sino la coherencia metabólica y ecológica. Cuando el alimento proviene de suelo vivo y se prepara con respeto, el cuerpo no distingue mitades: todo es naturaleza en equilibrio.

17.3. Menús semanales mixtos regetarianos

A continuación, te expongo algunos ejemplos de menús semanales mixtos regetarianos por estaciones que siguen el modelo de distribución de 50/50 entre alimento animal y vegetal.

Primavera

La primavera es la estación de la limpieza hepática y la recuperación solar. Predominan los alimentos frescos; el pasto nuevo, los fermentos suaves, las proteínas ligeras y los carbohidratos ancestrales ocasionales.

Se introducen cereales fermentados cuatro veces por semana y vegetales verdes en su punto amargo.

Lunes (reajuste circadiano)

- Desayuno: kéfir de leche entera con avena fermentada y semillas activadas.
- Comida: filete de vacuno de pasto con ensalada de rúcula, diente de león y limón.
- Cena: caldo de huesos con verduras tiernas y huevo poché.

Martes (día de mar y verde)

- Desayuno: tortilla de espinacas y mantequilla de pasto.
- Comida: caballa al horno con arroz integral germinado y brócoli al vapor.
- Cena: yogur natural con miel y frutos rojos.

Miércoles (monogástrico con cereal fermentado)

- Desayuno: pan de masa madre con mantequilla y requesón.
- Comida: pollo de corral con cebolla y zanahoria, acompañado de cebada germinada.
- Cena: caldo vegetal con setas y queso curado.

Jueves (depuración suave)

- Desayuno: huevos camperos y espárragos salteados.
- Comida: pescado blanco al vapor con verduras verdes y aceite de oliva.
- Cena: kéfir con avena fermentada y semillas.

Viernes (día de mariscos y fermentos)

- Desayuno: caldo salino con limón.
- Comida: mejillones, algas y arroz fermentado; ensalada de hierbas amargas.
- Cena: requesón con manzana asada y canela.

Sábado (monogástrico con cereal ancestral)

- Desayuno: pan de espelta de masa madre con manteca.
- Comida: cerdo ibérico con col fermentada y lentejas germinadas.
- Cena: caldo con huevo y setas.

Domingo (densidad y descanso)

- Desayuno: kéfir con avena y frutos secos.
- Comida: asado de cordero, verduras al horno y vino natural.
- Cena: sopa de huesos con hierbas aromáticas.

Verano

El verano es la estación del exceso de luz y la termorregulación. Se reduce la carga grasa, aumenta el contenido mineral y acuoso.

Los cereales fermentados se utilizan cuatro veces por semana, como fuente de energía solar moderada.

Lunes

- Desayuno: kéfir frío con avena fermentada y melón.
- Comida: ensalada de pulpo con tomate y arroz integral.
- Cena: sardinas a la plancha y gazpacho espeso.

Martes (día vegetal-lácteo)

- Desayuno: yogur entero con frutos rojos.
- Comida: verduras a la parrilla con pan de masa madre y queso curado.
- Cena: pescado blanco con mantequilla y limón.

Miércoles (monogástrico)

- Desayuno: huevos y aguacate.
- Comida: pollo campero con calabacín y cebada fermentada.
- Cena: kéfir con frutos secos activados.

Jueves (día marino)

- Desayuno: agua salina con limón y miel.
- Comida: mariscada y ensalada de hierbas frescas.
- Cena: arroz integral con verduras y huevo frito.

Viernes (día ligero)

- Desayuno: yogur natural con avena.
- Comida: *carpaccio* de ternera y rúcula; gazpacho.
- Cena: caldo frío de huesos con colágeno.

Sábado (monogástrico)

- Desayuno: pan de centeno con mantequilla.
- Comida: cerdo ibérico con ensalada de pepino y menta.
- Cena: kéfir con fruta de temporada.

Domingo (descanso solar)

- Desayuno: huevos camperos con tomate.
- Comida: pescado azul al horno, arroz germinado y vino natural.
- Cena: yogur y fruta madura.

Otoño

El otoño es la estación de la densidad y la reparación. El cuerpo acumula reservas, fortalece el sistema inmune y se prepara para el frío.

Aquí los cereales y las legumbres fermentadas reaparecen cuatro días por semana; la grasa y el colágeno son protagonistas.

Lunes

- Desayuno: kéfir y pan de centeno fermentado con mantequilla.
- Comida: guiso de cordero con lentejas germinadas y setas.
- Cena: caldo con colágeno y raíces.

Martes (mar y setas)

- Desayuno: huevos y setas salteadas.
- Comida: caballa con arroz integral y calabaza.
- Cena: yogur con miel y nueces.

Miércoles (monogástrico)

- Desayuno: pan de espelta y mantequilla.
- Comida: cerdo ibérico con cebolla caramelizada y col fermentada.
- Cena: caldo de huesos con vegetales.

Jueves (vegetal-fermentado)

- Desayuno: kéfir y avena fermentada.
- Comida: estofado de vacuno con garbanzos germinados.
- Cena: crema de setas y mantequilla.

Viernes (marino)

- Desayuno: caldo mineral y limón.
- Comida: pulpo con arroz integral y perejil.
- Cena: requesón y fruta asada.

Sábado (monogástrico)

- Desayuno: huevos y pan de masa madre.
- Comida: pato estofado con castañas y repollo.
- Cena: yogur con frutos secos.

Domingo (densidad simbólica)

- Desayuno: caldo y huevo poché.
- Comida: rabo de toro con pan fermentado y vino natural.
- Cena: kéfir con miel y canela.

Invierno

El invierno exige calor interno, grasa y colágeno. Los cereales se reducen a uno o dos días; predominan caldos, carnes grasas, lácteos enteros y vegetales de raíz.

Lunes

- Desayuno: caldo con yema y manteca.
- Comida: estofado de vaca vieja con cebolla y nabo.
- Cena: yogur y miel.

Martes (marino)

- Desayuno: huevos y mantequilla.
- Comida: pescado azul y verduras al horno.
- Cena: caldo con colágeno y setas.

Miércoles (monogástrico)

- Desayuno: pan de masa madre y manteca.
- Comida: cerdo de bellota con legumbre fermentada.
- Cena: kéfir y frutos secos.

Jueves

- Desayuno: huevos camperos.
- Comida: lengua o corazón guisado con raíces.
- Cena: sopa de huesos y col fermentada.

Viernes (día vegetal-restaurador)

- Desayuno: kéfir con avena germinada.
- Comida: caldo con legumbre fermentada y col.
- Cena: requesón y fruta cocida.

Sábado (monogástrico)

- Desayuno: pan de centeno con mantequilla.
- Comida: pato guisado con puré de coliflor.
- Cena: yogur natural.

Domingo (día de densidad lenta)

- Desayuno: caldo de tuétano.
- Comida: cordero asado y vino natural.
- Cena: kéfir con miel y canela.

Este patrón mixto conserva los principios regetarianos de densidad y saciedad, pero introduce la modulación vegetal y fermentada que diversifica la microbiota.

- Los días animales refuerzan la síntesis hormonal, mitocondrial y proteica.
- Los días vegetales reparan la mucosa intestinal y equilibran el pH metabólico.
- Los cereales fermentados funcionan como energía solar controlada: aportan glucosa de liberación lenta y fibra prebiótica.
- Las setas y las legumbres fermentadas sirven de interfaz metabólica entre la flora intestinal y el sistema inmune.

El resultado es una dieta termodinámicamente equilibrada, que mantiene flexibilidad metabólica, sincronía circadiana y una relación directa con las estaciones y el suelo.

Epílogo

Quizá nunca se trató de encontrar la dieta perfecta, ni de contar macronutrientes, ni de pesar la comida con exactitud quirúrgica, ni de hacer encajar nuestra biología en protocolos ajenos. Tal vez, todo este tiempo, deberíamos haber estado buscando algo más simple, más antiguo, más verdadero: volver a lo básico. Y no me refiero a la casa de ladrillo y teja, sino a ese espacio simbólico en el que cuerpo, alimento y tierra vuelven a hablar el mismo idioma. El Regetarianismo no es una moda. No es una dieta más. Es un acto de reconexión profunda.

¡Cuánto hemos olvidado! Olvidamos que la comida empieza en la tierra, en los bosques y suelos, en el barro. En la semilla. En el animal que respira, camina y siente. Olvidamos que cocinar es un ritual. Que encender el fuego es convocar una energía que quizá no veas pero sí sientes. Que aliñar una ensalada con tus manos es transmitir información, intención y presencia. No pienses en esto como un manual de *mindfulness* mal entendido, por favor. Que comer acompañado es una forma —también— de oración.

Este libro no es un recetario ni un manual de instrucciones, sino una invitación. Un mapa que te muestra algo que ya sabes, pero que habías dejado de mirar: que tu cuerpo está hecho, en cierta forma, de paisajes. Que tu microbiota necesita diversidad, tierra, alimentos con historia, con alma. Que tus hormonas no obedecen relojes digitales, sino ciclos lunares, diarios, estacionales, ayunos conscientes y grasas verdaderas.

Volver a lo básico es volver a oler el caldo en cocción lenta. Es recordar que una olla puede sanar más que un suplemento. Es devolverle al desayuno su carácter sagrado y a la cena su dimensión de cierre del día. Es dejar de pensar en proteínas y empezar a pensar en gallinas y huevos. Es dejar de mirar etiquetas y empezar a mirar los ojos de aquellos que nos sustentan.

Y sí, quizá no puedas hacerlo todo. Pero puedes hacer algo. Puedes cambiar una sartén tóxica por hierro fundido. Puedes comprar huevos a esa mujer del mercado que conoce el nombre de sus gallinas. Puedes dejar de comer con luz blanca y encender una vela mientras cenas. Puedes usar sal marina en lugar de industrializada. Puedes ayunar un domingo. Puedes cocinar con tu hijo. Puedes volver a oler las especias. Puedes ir al monte a por tomillo. Puedes darle las gracias al animal antes de comerlo. Porque éste no es un camino de perfección, sino de reconexión.

El Regetarianismo es resistir. Es usar el tenedor y el cuchillo (y también, por qué no, una cuchara) como herramientas de soberanía. Es plantar cara a la industria comiendo. Es crear hogar aunque vivas en un piso de ciudad. Es recordar que el fuego no sólo cocina, sino que es capaz de transmutar. Y aunque el mundo se digitalice, se sintetice y se acelere, tú puedes ralentizar. Es otro modo de *slow cooking* o *slow life*. Puedes bajar el ritmo, mirar tu plato y preguntarte: ¿qué parte de mí está siendo nutrida hoy?

Este epílogo no cierra el libro. Lo abre en ti. Porque ahora que has llegado hasta aquí, mi querido regetariano, te diré algo: ya no hay marcha atrás. Ya no puedes hacer como si no supieras. Ya no puedes mirar una etiqueta sin pensar en el campo y su efecto. Ya no puedes comer sin preguntarte por qué.

No busques la dieta ideal. Busca la vida real. Porque quien sabe de dónde viene su comida, sabe quién es. Porque quien respeta su cocina, respeta su cuerpo. Porque quien honra lo vivo, vive de verdad. Y porque, si no lo haces tú, nadie lo hará por ti.

Bibliografía

Briske, David D., *et al.*, «Rotational Grazing on Rangelands: Reconciliation of perception and experimental evidence», *Rangeland Ecology & Management*, 61, 1 (2008), pp. 3-17, <https://www.sciencedirect.com/science/article/abs/pii/S1550742408500078>.

Cheng, Hong, *et al.*, «Mechanisms of metal-induced mitochondrial dysfunction in neurological disorders», *Toxics*, 9, 6 (2021), p. 142, <https://pubmed.ncbi.nlm.nih.gov/34204190/>.

Clark, Michael A., *et al.*, «Global food system emissions could preclude achieving the 1.5° and 2 °C climate change targets», *Science*, 370, 6517 (2020), pp. 705-708, <https://pubmed.ncbi.nlm.nih.gov/33154139/>.

Korotkov, Sergey M., «Mitochondrial oxidative stress is the general reason for apoptosis induced by different-valence heavy metals in cells and mitochondria», *International Journal of Molecular Sciences*, 24, 19 (2023), p. 14459, <https://pubmed.ncbi.nlm.nih.gov/37833908/>.

Kritee, Kritee, *et al.*, «High nitrous oxide fluxes from rice indicate the need to manage water for both long- and short-term climate impacts», *PNAS*, 115, 39 (2018), pp. 9720-9725, <https://pubmed.ncbi.nlm.nih.gov/30201704/>.

Loss, Georg, *et al.*, «Consumption of unprocessed cow's milk protects infants from common respiratory infections», *Journal of Allergy and Clinical Immunology*, 135, 1 (2015), pp. 56-62, <https://pubmed.ncbi.nlm.nih.gov/25441645/>.

Loss, Georg, *et al.*, «The protective effect of farm milk consumption on childhood asthma and atopy: The GABRIELA study», *Journal of Allergy and Clinical Immunology*, 128, 4 (2011), pp. 766-773, <https://www.sciencedirect.com/science/article/abs/pii/S0091674911012346>.

Machmüller, Megan B., *et al.*, «Emerging land use practices rapidly increase soil organic matter», *Nature Communications*, 6, 1 (2015), p. 6995, <https://www.nature.com/articles/ncomms7995>.

Malik, Vasanti S., *et al.*, «Sugar-sweetened beverages and risk of metabolic syndrome and type 2 diabetes», *Diabetes Care*, 33, 11 (2010), pp. 2477-2483, <https://pubmed.ncbi.nlm.nih.gov/20693348/>.

Neue, Heinz-Ulrich, «Methane emission from rice fields: Wetland rice fields may make a major contribution to global warming», *BioScience*, 43, 7 (1993), pp. 466-474, <https://www.jstor.org/stable/1311906>.

Poore, Joseph, y Nemecek, Thomas, «Reducing food's environmental impacts through producers and consumers», *Science*, 360, 6392 (2018), pp. 987-992, <https://pubmed.ncbi.nlm.nih.gov/29853680/>.

Riedler, Josef, *et al.*, «Exposure to farming in early life and development of asthma and allergy: a cross-sectional survey», *The Lancet*, 358, 9288 (2001), pp. 1129-1133, <https://pubmed.ncbi.nlm.nih.gov/11597666/>.

Rowntree, Jason E., *et al.*, «Ecosystem impacts and productive capacity of a multi-species pastured livestock system», *Frontiers in Sustainable Food Systems*, 4, (2020), p. 544984, <https://www.frontiersin.org/journals/sustainable-food-sys-tems/articles/10.3389/fsufs.2020.544984/full?ref=willcanine.com>.

Sanderman, Jonathan; Hengl, Tomislav, y Fiske Gregory J., «Soil carbon debt of 12,000 years of human land use», *PNAS*, 114, 36 (2017), pp. 9575-9580, <https://www.pnas.org/doi/10.1073/pnas.1706103114>.

Sun, Qiuyu, *et al.*, «Heavy metals induced mitochondrial dysfunction in animals: Molecular mechanism of toxicity», *Toxicology*, 469, (2022), p. 153136, <https://pubmed.ncbi.nlm.nih.gov/35202761/>.

Teague, W. R., *et al.*, «Grazing management impacts on vegetation, soil biota and soil chemical, physical and hydrological properties in tall grass prairie», *Agriculture, Ecosystems & Environment*, 141, 3-4 (2011), pp. 310-322, <https://www.sciencedirect.com/science/article/abs/pii/S0167880911000934>.

Wang, Meng, *et al.*, «Association between sugar-sweetened beverages and type 2 diabetes», *Journal of Diabetes Investigation*, 6, 3 (2015), pp. 360-366, <https://pubmed.ncbi.nlm.nih.gov/25969723/>.